それ、数学で証明できます。

ナゾトキラボ
北川郁馬
IKUMA
KITAGAWA

日常に潜む面白すぎる数学にまつわる20の謎

NAZOTOKI
LABO

JN071105

はじめに

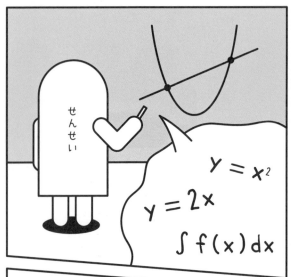

$$Y = X^2$$
$$Y = 2X$$
$$\int f(x)\,dx$$

テストに
出るので
暗記して
くださいね

キーンコーンカーンコーン

……

数学は難しいし
よくわからないし…
勉強する
意味って
あるのかなぁ？

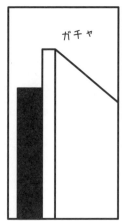

ガチャ

ねぇねぇ親鳥さん 数学って 何のために 勉強するんですか？

むずかしい本

別に 日常生活で 使わないし

意味ないですよ…

うん？ それは違うぞ ヒヨコイ

実は、数学は 日常生活の様々なところで 使われている。 数学を勉強することで、 身の回りで起こる 『どうしてそうなるのか？』を 論理的に 考えることが できるようになるんだ！

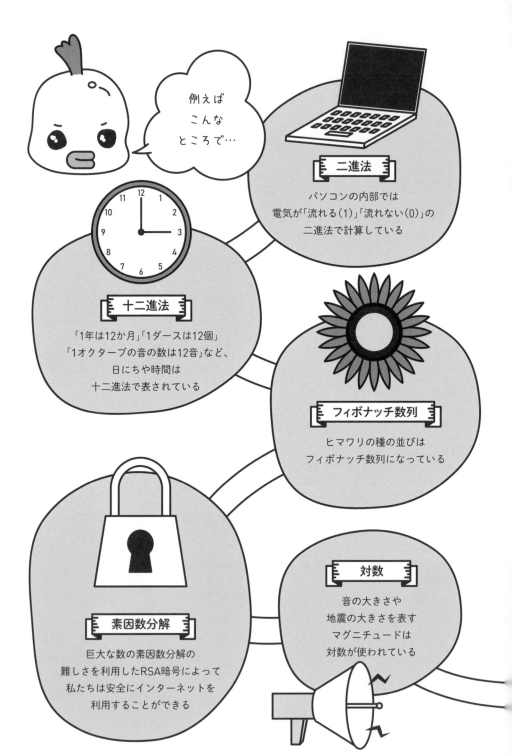

例えば
こんな
ところで…

二進法

パソコンの内部では
電気が「流れる(1)」「流れない(0)」の
二進法で計算している

十二進法

「1年は12か月」「1ダースは12個」
「1オクターブの音の数は12音」など、
日にちや時間は
十二進法で表されている

フィボナッチ数列

ヒマワリの種の並びは
フィボナッチ数列になっている

素因数分解

巨大な数の素因数分解の
難しさを利用したRSA暗号によって
私たちは安全にインターネットを
利用することができる

対数

音の大きさや
地震の大きさを表す
マグニチュードは
対数が使われている

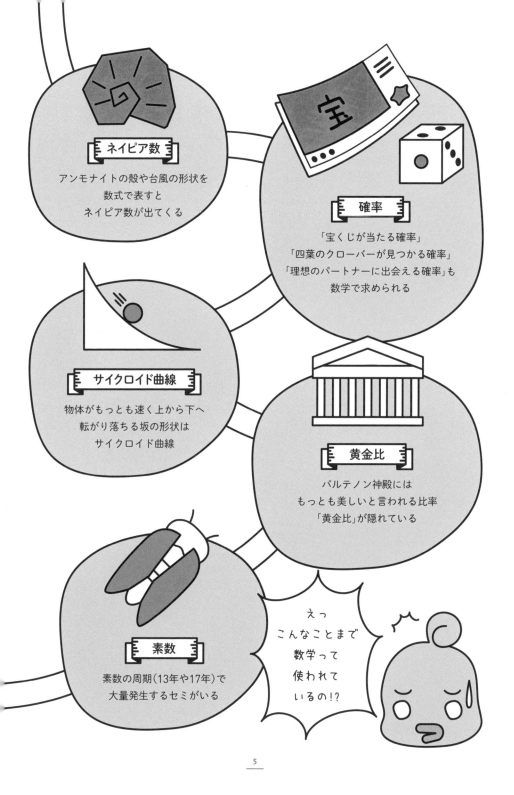

ネイピア数

アンモナイトの殻や台風の形状を
数式で表すと
ネイピア数が出てくる

確率

「宝くじが当たる確率」
「四葉のクローバーが見つかる確率」
「理想のパートナーに出会える確率」も
数学で求められる

サイクロイド曲線

物体がもっとも速く上から下へ
転がり落ちる坂の形状は
サイクロイド曲線

黄金比

パルテノン神殿には
もっとも美しいと言われる比率
「黄金比」が隠れている

素数

素数の周期(13年や17年)で
大量発生するセミがいる

えっ
こんなことまで
数学って
使われて
いるの!?

ピラミッドの謎

大ピラミッドの底面の周りの長さを
高さの2倍で割ると円周率が現れる
のはなぜか？

鳩ノ巣原理

横浜市には
髪の本数が全く同じ人はいるのか？

四次元ポケットの謎

ドラえもんの四次元ポケットには
なぜたくさん道具を
入れることができるのか？

さらに、
数学は
世の中の不思議や
日常の中のちょっとした
疑問を解決するのにも
役立つ

へぇ〜!!!

もしかして、
数学って意外と
おもしろいのかなぁ？

数学が苦手な、
どちらかというと
文系の僕でも、
楽しめる数学って
ありますか!?

もちろん！

誰でも楽しめる
数学の話を紹介しよう！

＼ヒヨコイ／

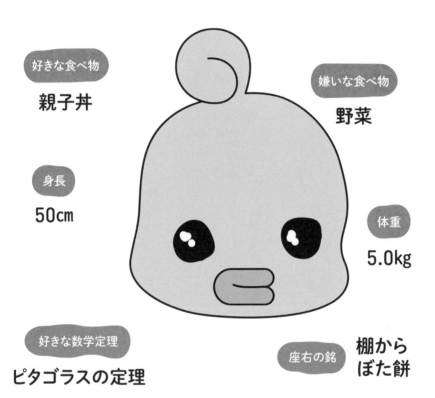

好きな食べ物
親子丼

嫌いな食べ物
野菜

身長
50cm

体重
5.0kg

好きな数学定理
ピタゴラスの定理

座右の銘
棚から
ぼた餅

数学が苦手なヒヨコ。

数式を見ると鳥肌が立つが、親鳥さんの話を聞いているうちに

だんだんと興味を持つようになった。

嫌なことがあっても寝たら忘れる、ポジティブなヒヨコだ。

ちなみに、親鳥さんとヒヨコイは親子関係ではない。

親鳥さん

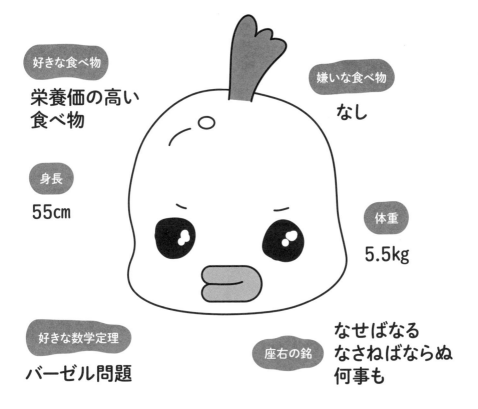

好きな食べ物
栄養価の高い
食べ物

嫌いな食べ物
なし

身長
55cm

体重
5.5kg

好きな数学定理
バーゼル問題

座右の銘
なせばなる
なさねばならぬ
何事も

頭脳明晰、すべての鳥類の中でもっとも賢い生き物。

ヒヨコイを一人前のニワトリに育てるために、

なぜか数学を教えている。

世の中の謎や不思議なことを数学で解明しようとしているが、

その研究対象はちょっとズレている。

CONTENTS

Q

一筆書きできるか見抜くには？

「一筆書き」という遊びをしたことがあるだろうか？
一筆書きとは、紙からペンを離さずに
同じ線を通ることなくすべての線をなぞることだが、
複雑な図形になればなるほど、
難易度は飛躍的に上がっていく。
本来は何度も試して、地道に正解のルートを見つける遊びだが、
実は、一筆書きできる図形は
数学的なある特徴を持っているのだ。
今回は、「一筆書きできるかどうか」を
一発で見抜く方法を考えてみよう！

一筆書きとは?

 ヒヨコイは一筆書きという遊びをやったことがあるだろうか?
例えばこんな図形。

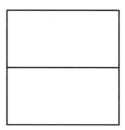

紙からペンを離さずに、すべての線をなぞることができるかな?

 一筆書きということは、同じ線は通れないから……こうかな?

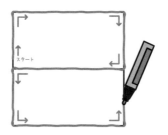

 お見事、正解だ!
では、この図形はどうかな?

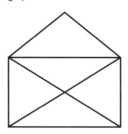

う～ん、これはちょっと時間がかかりそうですね。

そうだな。
一筆書きは何度も試して、地道に正解のルートを見つけるような遊びだが、実は「一筆書きできるかどうか」を一発で見抜く方法があるんだ。

え?! 一発で?
いったいどんな方法なんですか?

（ 一筆書きできるかどうかを 一発で見抜く方法 ）

一筆書きを、ロープと杭に例えて考えてみよう。
図形の辺が交わる点に杭を打ち、スタート地点の杭にロープの端を結びつける。

そして杭に引っかけながら進んで、ゴール地点の杭にもう片方のロープの端を結びつけて完成だ。
このとき、結び目は必ず2個できるはずだ。

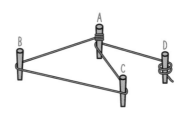

そりゃあ、ロープの両端が結び目になるからそうなりますよね。

 ここで、それぞれの杭から伸びるロープの本数に注目してみよう。
BやCのようにロープを引っかけただけだと、杭から伸びるロープの本数は必ず2本ずつ増えていくはずだ。
しかし、AやDのようにロープを結びつけると、1本だけロープが追加されることになる。
つまり、結び目のある杭からは奇数本のロープが伸び、結び目のない杭からは偶数本のロープが伸びることになる。

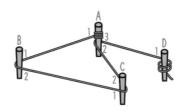

 じゃあ一筆書きをするときは、奇数本の辺が伸びている点がスタートとゴールになるんですね！

 その通りだ！
このことから、下記の図形のように**奇数本の辺が伸びている点（奇点）が2個よりも多い場合は、一筆書きができない図形**であるといえる。

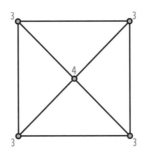

なるほど、奇点が4個あったら結び目が4個できることになるから、2本のロープが必要になりますもんね。

そう、一筆書きできる図形は1本のロープだけで作ることができるが、一筆書きできない図形は複数のロープが必要になるのだ。
ただし例外として、スタートとゴールが一致する場合は、同じ杭に2個の結び目ができることになる。つまり、奇点が1つもない。このように、すべて偶数本の辺が伸びる点（偶点）の図形も一筆書きができるんだ。

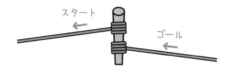

> [一筆書きできる図形の特徴]
> 奇数本の辺が伸びる点（奇点）が必ず0個か2個のどちらかである

逆の証明も必要

「一筆書きできる図形」ならば「奇点が必ず0個か2個のどちらか」であることは確認できた。
しかし、だからと言って、「奇点が0個か2個のどちらか」ならば「必ず一筆書きできる図形」かというと、それは別の問題だ。

「一筆書きできる図形」

「奇点が必ず0個か2個のどちらか」

ややこしい……。

 反対でも成り立つのかを確かめるために、奇点の数はちょうど2個だけれど、一筆書きできない図形が存在すると仮定してみる。
　一筆書きできないということは、複数のロープを使った図形ということになるので、例えば2本のロープを使うとして考えてみよう。
　本来であれば、それぞれのスタートとゴールで4つの奇点ができる。それを奇点がちょうど2個になるようにするにはどうしたらいいだろうか？

 うーん、あ、わかりましたよ！　1本目のゴールと2本目のスタートを同じ杭にしたらいいんじゃないですか？

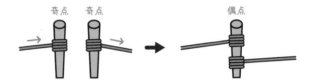

 そうだな。
　ここで、結び目がかぶった杭に注目してみよう。
　このロープって本当に2本必要だろうか？

 え？　どういうことですか？

 結び目をほどいて、2本のロープをつなぐと……？

 あれ？　1本のロープになる???

その通り！
結局2本のロープをつなげて1本のロープにすることができるんだ。

 このように、ロープを何本使って図形を作ったとしても、奇点の数がちょうど2個ならばつなぎ合わせることができてしまうため、1本のロープで十分ということになる。
奇点が0個の場合も、同じ理由で説明することができる。

 なるほど。
するとさきほどの問題の図形は**奇点が2個だから、必ず一筆書きできる図形**ってことですね！

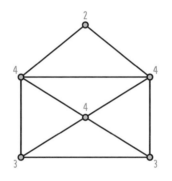

 わざわざ調べなくても、一筆書きできるかどうか一発で見抜くことができるようになった！

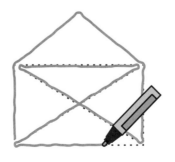

 数学でこんなこともわかるなんて……面白いですね！

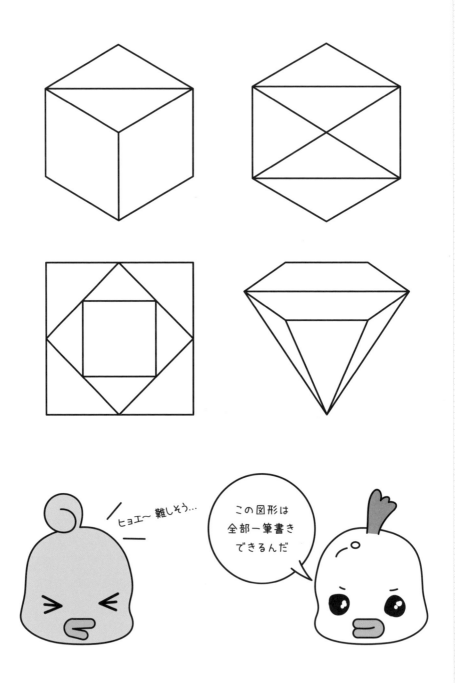

Q

宝くじが当たる確率は？

日常生活は確率で溢(あふ)れている。

天気予報、コイントス、アイスの当たり棒……。

その中でも、身近にあるもので

確率がものすごく低いものと言えば宝くじだ。

当たれば一攫千金(いっかくせんきん)、夢の億万長者である。

しかし、宝くじの1等がなかなか当たらないことはみんな知っている。

どうせ当たらないんだから買うだけ損と、

はなから諦めている人も多いだろう。

では、どれくらい当たりにくいのだろうか？

今回は身の回りの様々な確率で、

宝くじが当たる確率を実感してみよう！

確率は何を表している?

確率は数学の1つの分野だけれど「降水確率は60%」「宝くじが当たる確率はものすごく低い」のように、日常的な会話で口にする言葉でもある。

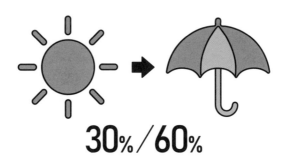

30%/60%

ニュースでは毎日のように出てきますよね。
でも、確率って何を表しているんだろう?

確率とは 「ある出来事の起こりやすさ」 このことだ。

起こりやすさ?

起こりやすい出来事は「確率が高い」、起こりにくい出来事は「確率が低い」という。
確率は数値で表され、百分率を使って30%や、分数で$\frac{3}{10}$などと表現される。このように確率を使えば「ある出来事の起こりやすさ」というあいまいなものを、具体的な数値で表すことができるようになる。

なるほど。
確率ってどうやって求めればいいんでしょうか?

確率は、「求めたい出来事が起こる場合の数」を「すべての出来事が起こる場合の数」で割ることで求めることができるんだ。

$$\frac{求めたい出来事が起こる場合の数}{すべての出来事が起こる場合の数} = 確率$$

 例えばコインを投げて起こり得る出来事は「表が出る」「裏が出る」の2通り。表が出る確率はそのうちの1通りだから$\frac{1}{2}$、百分率で表すと50%となる。

$$\frac{\quad}{\quad} = \frac{1}{2}$$

6面のサイコロなら、起こり得る出来事は「1の目が出る」「2の目が出る」「3の目が出る」「4の目が出る」「5の目が出る」「6の目が出る」の6通りあるので、それぞれの目が出る確率は$\frac{1}{6}$であり、16.6666....%となる。

$$\frac{\quad}{\quad} = \frac{1}{6}$$

 じゃあ3の倍数の目が出る確率なら、3の倍数の目は3と6の2通りだから、

$$\frac{2}{6} = \frac{1}{3} = 0.3333.... \rightarrow 33.33....\%$$

となるんですね！

$$\frac{\quad}{\quad} = \frac{2}{6}$$

 その通りだ。それでは次に、宝くじが当たる確率について考えてみよう！

宝くじで1等が当たる確率は低い

 ヒヨコイは億万長者になりたい？

 はい、なりたいです！

 じゃあ宝くじを買ったことはある？

 買ったことはないですね。

 それはどうして？

 だって、宝くじで1等が当たる確率ってものすごく低いんですよね？
買っても当たらないと思うと、なかなか手が出なくて……。

 確かに宝くじが当たる確率はとても低い。
例えば、ジャンボ宝くじはドリームジャンボ、サマージャンボ、年末ジャンボなど何回か販売されるが、年末以外のジャンボ宝くじは1000万枚に1枚1等が当たることになっている。
実際は1人で複数枚買う場合もあるので多少の差はあるものの、

$$\frac{1}{10000000} = 0.0000001$$

となり、1等が当たる確率は約0.00001％ということになる。

$$\frac{Y}{\text{††††††††††} \cdots} = 0.00001\%$$

え？　そんなに低いんですか？
でも、0.00001％なんて言われても、いまいちイメージできないなぁ……。

そんなときは、身近にあるものの確率と比べてみるといい。
例えば、コインを投げて表が出る確率は$\frac{1}{2}$。
それが連続で23回出る確率は下記のようになる。

$$\left(\frac{1}{2}\right)^{23} = \frac{1}{8388608} = 0.00000011.... \rightarrow 0.000011....\%$$

これが宝くじで1等が当たる確率と同じくらいだ。

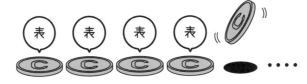

23回連続で表が出たら奇跡ですね。
でも、ぐんとイメージしやすくなりました！

今回は身の回りにあるいろいろな確率で、宝くじの1等が当たる確率を
イメージしてみよう！

サイコロを振ってゾロ目が出る確率

サイコロを振って、ゾロ目が出たらラッキーだ。
2個のサイコロを同時に振ってゾロ目が出る確率は、一方のサイコロの
出た目に対して、もう一方のサイコロの目が同じであればいいので、そ
の確率は$\frac{1}{6}$。

サイコロを何個振ったときにゾロ目になると、1等と同じ確率になるんだろう？

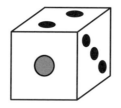

 3個なら$\frac{1}{6}\times\frac{1}{6}$、4個なら$\frac{1}{6}\times\frac{1}{6}\times\frac{1}{6}$。
さらに百分率にしていくと、

$$3個 \quad \left(\frac{1}{6}\right)^2=\frac{1}{36}=0.0277.... \rightarrow 2.77....\%$$

$$4個 \quad \left(\frac{1}{6}\right)^3=\frac{1}{216}=0.00462.... \rightarrow 0.462....\%$$

…

$$9個 \quad \left(\frac{1}{6}\right)^8=\frac{1}{1679616}=0.00000059....\rightarrow0.000059....\%$$

$$10個 \quad \left(\frac{1}{6}\right)^9=\frac{1}{10077696}=0.000000099.... \rightarrow 0.0000099....\%$$

となる。

 なるほど、だいたいサイコロを10個振ってゾロ目になる確率が、宝くじで1等が当たる確率と同じくらいですね！

上空からダーツを投げて命中する確率

 空高くからダーツを投げて、東京ディズニーリゾートに設置した的に当たる確率を考えてみよう。

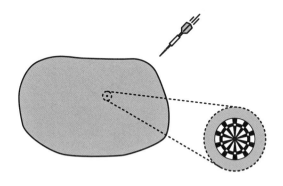

ダーツの的の半径は約20cm(0.2m)。

よって、円周率を3.14とするとその面積は

$$
\begin{aligned}
円の面積 &= (半径)^2 \times 3.14 \\
&= 0.2^2 \times 3.14 \\
&= 0.1256 \mathrm{m}^2
\end{aligned}
$$

となる。

約40cm

一方、東京ディズニーリゾートの面積は約2,000,000㎡なので、ダーツが
ちょうど的に当たる確率は以下のように求められる。

$$\frac{0.1256㎡}{2,000,000㎡} = 0.00000628\%$$

0.00001%と比べると、ちょっと低い気がしますね。

う～ん、そうだな。
ではダーツの的よりも少し大きなものにしてみよう。
新聞紙1ページの大きさは縦546mm×横406mmなので、その面積は

$$0.546m × 0.406m = 0.221676㎡$$

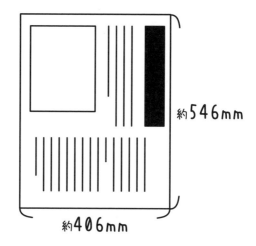

約546mm

約406mm

である。よって確率を計算するとこうなる。

$$\frac{0.221676㎡}{2,000,000㎡} = 0.0000110838\%$$

おお！　だいたい同じ確率になった！

宝くじで1等が当たる確率は、東京ディズニーリゾートに敷いた新聞紙
にダーツが命中する確率とだいたい等しいことがわかった。

 そう考えると、宝くじで1等が当たるのって、ほとんど奇跡に近いんですね……。

ジャンケンであいこにならない確率

 学校で給食の残り物を食べる権利を決めるときなど、大人数でジャンケンをすることがあるだろう。

 参加者が多いとあいこが続いてなかなか決着がつかないんだよなぁ〜。

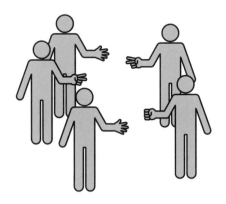

 あいこにならずに一発で勝敗が決まったら驚くだろう。
大人数でジャンケンをする場合、あいこにならないのは「グー」「チョキ」「パー」のうち、全員が2種類の手しか出ていないという状況だけである。

全員同じ手を出してもあいこですもんね。

 そうだな。全員が「グー」なら、それはあいこである。

n人でジャンケンをするとき、あいこにならないのは全員の出した手が2種類のときのみ。

例えば、全員が「グー」か「チョキ」の2通りのどちらかになる場合。

このパターンは、2人なら2×2＝2^2通り、3人なら2×2×2＝2^3通り、n人なら2^n通りある。

ただし、「全員がグーを出す」「全員がチョキを出す」という2通りを除外する必要があるので、2^n-2通りである。

勝敗が決まる

$$(\text{✌}, \text{✊}, \text{✊}, \text{✌}, \text{✌}, \text{✊}, \cdots)$$

あいこ

$$(\text{✊}, \text{✊}, \text{✊}, \text{✊}, \text{✊}, \text{✊}, \cdots)$$

$$(\text{✌}, \text{✌}, \text{✌}, \text{✌}, \text{✌}, \text{✌}, \cdots)$$

2種類の手の出し方は他にもありますよね？

 そう、考え得るパターンは
① 「グー」「チョキ」
② 「チョキ」「パー」
③ 「パー」「グー」
の3通りのいずれかなので、結局あいこにならない手の出し方は$3(2^n-2)$通りである。
すべての手の出し方は全部で3^n通りあるから、あいこにならない確率は

$$\frac{\text{あいこにならない手の出し方}}{\text{すべての手の出し方}} = \frac{3(2^n-2)}{3^n}$$

となる。

 nに値を代入すれば、その人数でジャンケンをしたときにあいこにならない確率が求められるということですね！

 その通りだ。
例えばnに10を代入してみると、あいこにならない確率は約5%。

 確かに10人でジャンケンしたらあいこが続いてなかなか決まらないですよね。

 でも、まだまだ宝くじで1等の当たる確率0.00001%にはほど遠い。
調べていくとn＝42のとき、あいこになる確率は0.0000120....%となり、非常に近い確率になる。

 なるほど、1等が当たる確率は、42人でジャンケンを1回したときに、あいこにならない確率とほぼ同じってことですね！

隕石が当たる確率よりも低い?!

米国テューレーン大学の研究によると、1年間に隕石の落下で死亡する確率は最大で0.0004%くらいだそうだ。

他にも、雷に打たれる確率は0.0001%、飛行機の墜落事故にあう確率は0.003%と言われている。

滅多に起こらないような事故にあう確率よりも、宝くじの1等が当たる確率の方がはるかに低いんですね……。

いろいろな確率と比べてみて、宝くじが当たる確率がどれくらい低いのかイメージできるようになっただろうか?

ただし、宝くじを買う醍醐味は大金を得ることだけではないはずだ。当たるか当たらないか、日常では経験することのないハラハラドキドキを体験することも、宝くじの楽しみ方の1つだと思う。

5億年ボタンを押すべきか？

5億年ボタンは漫画『みんなのトニオちゃん』（菅原そうた 著／文芸社）に
登場するエピソードに出てくるアイテムだ。
ボタンを押すと、何もない無機質な空間にワープし、
そこで1人で5億年の時間を過ごすことと引き換えに100万円が手に入る。
5億年たつと現実世界のボタンを押した直後のタイミングに戻り、
5億年の記憶はすべて消されている。
つまり、一瞬で100万円が手に入ったように感じることになるのだ。
ただし、異空間にいる間は眠ることも食べることも
死ぬこともできないまま、たった1人で過ごさなくてはならない……。
しかし、5億年は本当に長いのだろうか？
体感時間を数学的に考えるとどのくらいの長さになるか検証してみよう。

5億年で100万円を 時給にするといくらになる?

 もし、ボタンを押すだけで100万円もらえるバイトがあったら、ヒヨコイはやりたい?

 ボタンを押すだけで100万円!?　もちろんやりますよ!

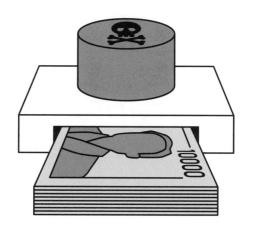

 ただしボタンを押した瞬間に精神は異空間へワープするんだ。何もない空間で何もせず、ただボーっと時間が過ぎるのを待つ。そして5億年経過したとき、記憶はすべて消されてボタンを押した直後に戻ってくる。そして100万円が手に入る。

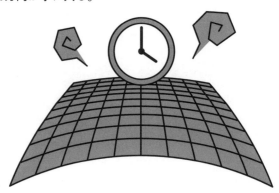

03

ご……5億年って……大問題じゃないですか!?
それに5億年なんて言われても、ピンとこないですよ。

計算してみよう。人の寿命を80年とすると、

$$500,000,000年 \div 80年 = 6,250,000回$$

となり、**625万回の人生を繰り返す**ことになる。
次に5億年で100万円を時給換算してみるとこうなる。

$$1,000,000円 \div (500,000,000年 \times 365日 \times 24時間)$$
$$= 時給0.00000022831050....円$$

約0.00000023円!　ほとんど0円じゃないですか。

10円のうまい棒を買うためには24時間働いたとしても

$$10円 \div 0.00000023円 \div 24時間 \div 365日 = 4963.2717....年$$

となり、約5000年かかる計算になる。

話にならないですね。誰もそんなバイトやりませんよ。

ただしこの話のポイントは、現実世界に戻ってきたときに異空間で経験
したすべての記憶が消去されるということ。
だからまるでボタンを押したら一瞬で100万円もらえたような錯覚に陥
るんだ。

う〜ん……確かに言われてみればそういうことになりますね。
記憶が消されるんだから、結局なかったことになる。でも実際は5億年
分の時間を経験している。まさに究極の二択!

年齢によって
時間の過ぎるスピードが違う!?

 では考え方を変えてみよう。**5億年の体感時間**についてだ。

 体感時間？

 小さい頃に比べて、**大人になると時間が速く過ぎるように感じた経験は**ないだろうか？

 僕はまだヒヨコだけれど、確かに小学校の授業って、やたらと長く感じたような気がしますね。

 このように、年を取るほど時間がたつのが速く感じられる現象について、フランスの哲学者・ポールジャネが仮説を立てた。「人間は年を重ねれば重ねるほど新たな発見や経験が少なくなるので、1年を速く感じるようになる」という考えだ。
そして、さらにそれを数式で表したんだ。

 体感時間を数式で!?　面白いことを考えるんですね。

 その仮説によると、心理的な1年間の長さは年齢の**逆数**（※）に比例するという。
ここでは1歳の子どもが感じる心理的な長さを1として、数式で表してみよう。

※逆数：「逆数」とは、かけたら1になる数のことです。例えば2の逆数は1/2であり、2つをかけると2×1/2＝1になります。この他にも、3/4の逆数は4/3、－2の逆数は－1/2であり、いずれもかけると1になります。

$$y（心理的な1年間の長さ）＝\frac{1}{x（年齢）}$$

この数式をグラフで表すとこのようになる。

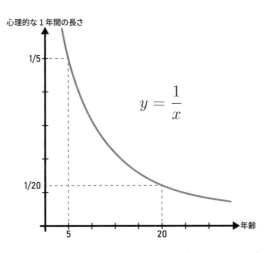

心理的な1年間の長さ

1/5

$$y = \frac{1}{x}$$

1/20

5　　　　　　20　　　年齢

例えば5歳の子供の体感時間はxに5を代入して$\frac{1}{5}$、20歳なら$\frac{1}{20}$と表される。
2つを比較すると、

$$\frac{5歳の心理的な1年間の長さ}{20歳の心理的な1年間の長さ} = \frac{1/5}{1/20} = 4$$

5歳の体感時間は20歳の4倍。つまり、5歳のときの1日は、20歳のとき
の4日分に相当することになる。

年を取れば取るほど、心理的長さが速くなっていくんですね。なんだか
ショック……。

まずは20歳までの体感時間を計算してみよう。
人間の物心がつくのはだいたい5歳くらいからなので、5歳から20歳まで
の体感時間を求めるとすると、次ページのグラフのオレンジ色部分の面
積になる。

曲線になっていますけれど、こんなヘンテコな形の面積なんて求められ
るんですか？

もちろん四角形のような単純な掛け算では計算することはできない。このような曲線の面積は**積分**を使って求めることができるんだ。

積分については詳しくはP.42〜44のコラムを見てほしい。

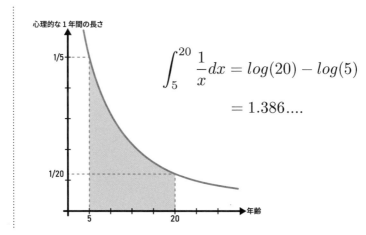

$$\int_5^{20} \frac{1}{x}dx = log(20) - log(5)$$

$$= 1.386....$$

積分で5歳から20歳までの体感時間を求めると1.386....という値になる。

ひぇー！　難しそうな式！

一方、人が一生の間に体感する心理的長さはどうなるだろうか？

寿命を80年とすると、5から80までの区間の面積を求めればいい。

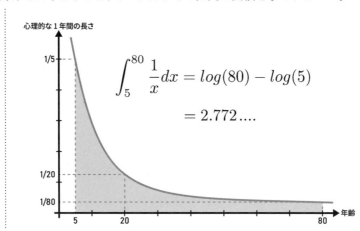

$$\int_5^{80} \frac{1}{x}dx = log(80) - log(5)$$

$$= 2.772....$$

その体感時間の合計は2.772....だ。

2つを比較すると、ちょうど2倍ですね。もしかして……。

 そう、ジャネの法則に従って体感時間を計算すると、成人した頃には既に人生の半分を費やしている計算になるんだ。

 え!?　**20歳で既に人生の折り返し地点?**

5億年の体感時間は
人生何回分になるのか?

 大変ショッキングな結果が表れたが、ここからが本題だ。5億年間の体感時間を計算するとどうなるだろうか?

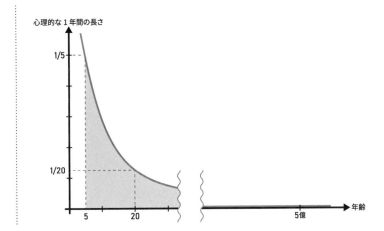

グラフを見ればわかるように、5億年まで考えると体感時間はほとんど0になる。

 途中からものすごい速さで時間が経過していることになりますね。

 同様に、今度は積分の区間を5年〜5億年に変更して計算してみると?

$$\int_5^{500000000} \frac{1}{x}dx = 18.42....$$

18.42....あれ？　意外と小さいですね。

 80歳までと比較すると

> 18.42（5億年の体感時間）÷2.772（80歳までの体感時間）
> ＝6.645....

よって5億年を過ごしたときの体感時間は <u>約人生7回分</u> という驚きの結果になった。

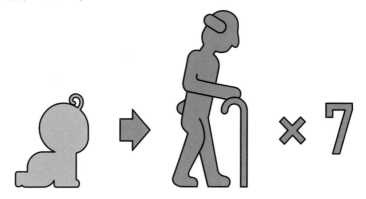

 単純計算すれば5億年は625万回のはずだったから、ずいぶん短くなりましたね。

6,250,000 >>>>>>>> 7

 ジャネの法則の通り、5億年は本当に人生7回分程度なのか、それともしっかり5億年のように感じられるのかは誰にもわからない。しかし1つ言えることは、5億年ボタンを押した人間は恐らく「大したことない」と思うだろう。なぜなら、現実世界に戻ってきたときに、壮絶な5億年間の記憶はすべて消えてしまうのだから。

 5億年分のつらさを全部忘れられるのですね……。
よかったです！

 それはどうだろうか？
そのつらさを忘れてしまった人間の前に、再び5億年ボタンが現れたとしたら？

 忘れてしまっているということは、大した苦労もなく100万円を手に入れたと思ってしまうということですよね……。

 そう、一瞬で100万円を手にしてしまったらもう後には戻れない。何度も何度も、ボタンを押すだろう。そして5億年の孤独な時間を繰り返すのである。
異空間にワープしたときにだけその過ちに気づくのだ。「なぜ、またボタンを押してしまったのか」と。

5億年ボタンの本当の恐怖はここから始まる。

積分って何?

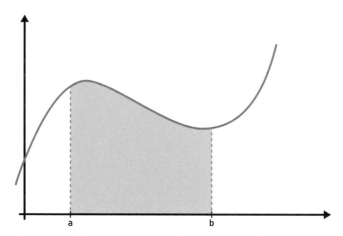

曲線で囲まれた面積は、四角形の面積のように縦×横のような単純な計算では求めることができません。

そこで編み出された手法が「積分」です。

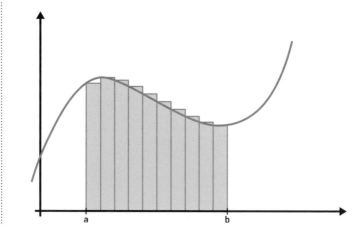

積分では「短冊のように細かく分割して足し合わせる」と考えます。

図の状態では階段のようにガタガタしていてまだ誤差が大きいですが、短冊の幅を狭くしていくことでどんどん正確な値に近づいていきます。

ということは、無限に細くすることができれば、理論上正確な曲線の面積が求められるはずです。

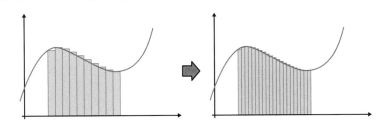

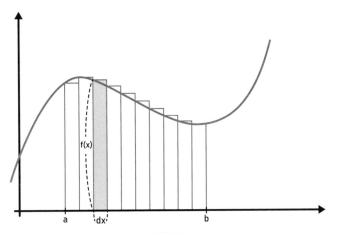

短冊1つ1つは四角形なので、その面積は

$$縦 \times 横 = f(x) \times dx$$

であり、a〜bまでの範囲の短冊をすべて足し合わせることを次のように表します。

$$\int_a^b f(x)dx$$

積分には面積であることに加えて、微分と正反対の演算という性質があります。

微分してf(x)になるような関数（※1）をF(x)とすると、以下の関係になります。

※1　関数：xの値が決まると、それに対応してyの値が決まる関係性のことです。例えば、y＝2xであれば、xが1だとyは2と値が決まります。

$$F(x) \underset{積分}{\overset{微分}{\rightleftarrows}} f(x)$$

f(x)とF(x)がわかっているとき、f(x)の区間［a,b］の面積は、次のように表すことができます。

$$\int_a^b f(x)dx = F(b) - F(a)$$

よって、ジャネの法則はf(x)＝$\frac{1}{x}$、F(x)＝log(x)（※2）であることから、区間［a,b］の面積は次のように求めることができるのです。

$$\int_a^b \frac{1}{x}dx = log(b) - log(a)$$

※2　log：「log」とは「対数」のことであり、「○を何乗したら□になるのか？」を知るための数として定義されています。例えば、2を3乗すると8、3を4乗すると81になりますが、ここでいう「3」や「4」といった「何乗しているのか」を表す数を対数と言います。

直角はなぜ90°なのか？

「直角は90°である」ことは多くの人が知っていると思う。

では、なぜ90°なのだろうか？

ピッタリ100°にした方が、キリがいいし計算が楽になりそうだ。

こんなことを言うと

「円の一周は360°だから、その4等分である直角は90°」

という答えが返ってくるかもしれない。

では、なぜ円の一周は360°なのだろうか？

360°もキリのいい数字とは言えない。

これこそ100°や400°にしてしまった方が自然ではないだろうか？

しかし、そこには数学の神秘とも思えるような合理的な理由があるのだ。

なぜ直角は90°で、円の一周は360°なのか、その理由を探っていこう。

そもそも「1°」って何?

 ねえヒヨコイ、なぜ直角は90°なのか不思議に思ったことはないか?

 うーん、確かに言われてみれば中途半端な数ですよね。ピッタリ100°にした方がキリがいいのに……。

 そう、もし直角が100°なら、この三角定規の角の大きさは50°と100°、そして三角形の内角の和は200°になるから覚えやすい。
それなのになぜ直角は90°という中途半端な数なのだろうか?

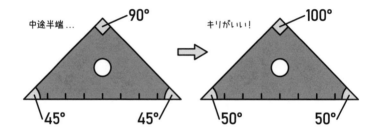

 気まぐれで決められたんじゃないですか?

 いやいや、角度はちゃんと定義されていて「円を360等分したときにできる角の大きさを1°とする」と約束されているから円の一周は360°になるんだ。

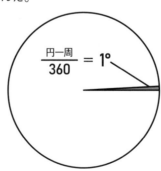

これは角度の定義と呼ばれていて、この定義があるからこそ円を4等分したときにできる直角は

$$360° \div 4 = 90°$$

となるわけだ。

なるほど〜！　って、ちょっと待ってくださいよ！　じゃあなんで、円の一周を360°にしたんですか？　別にキリのいい数ではないですよね？

うん、この説明では、「円の一周はなぜ360°なのか？」という根本的な疑問が残る。これこそ円の一周を100°や400°にしてやれば、覚えやすいし計算は楽になりそうだ。
しかし、実はこの360という数は気まぐれで決められたものではなく、とても合理的な数なんだ。

なぜ円の一周は360°なの?

円の一周は360°。これが定められたのは今からさかのぼること5000年頃、古代バビロニア時代というのが有力な説だ。バビロニアの天文学者は1年が365日であることを知っていたらしい。太陽が空の同じ位置に戻ってくるのに365日かかるからだ。
よって一周を、365日に近い360°にしてしまえば、だいたい1日1°ずつ動いていく計算になるのでわかりやすい。

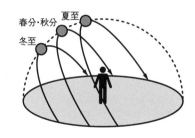

なんで365°じゃなくて360°にしたんですか？

 それは、古代バビロニアにおいて<u>12進法や60進法</u>（※1）が使われていたからだろう。現代にもその名残があって、1ダースは12本、1時間は60分であり1分は60秒、午前と午後はそれぞれ12時間というように、区切りの良い数字として12や60は今でもよく使われている。

よってその倍数である360が採用されたという説。

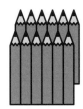 

※1　12進法や60進法：12進法とは、12個で1ダースなど、12個集まったら1つとする数え方。同様にして、1秒が60個集まったら1分、1分が60個集まったら1時間のように、60個集まったら1つとする時計は60進法であると言えます。

そしてこの話はもっとも有力な説につながっている。

それは、360は約数が24個もあって、359までのどの自然数よりも<u>360がもっとも約数が多い</u>から、という説だ。

$$360の約数 = 1, 2, 3, 4, 5, 6, 8, 9, 10, 12, 15, 18, 20, 24,$$
$$30, 36, 40, 45, 60, 72, 90, 120, 180, 360$$

 24個もの数で割り切れるってことですか？
本当にそんなにあるのかなぁ？

 調べてみよう。360を<u>素因数分解</u>（※2）すると

$$360 = 2^3 \times 3^2 \times 5$$

※2　素因数分解：素因数分解とは、ある自然数を素数の掛け算で表すことです。素数とは、2、3、5、7、11など、「1とその数自身でしか割り切れない数」のことを指します。

これらの数を組み合わせてできるすべての自然数で360は割り切ることができる。

2は0個〜3個の4通り、3は0個〜2個の3通り、5は0個または1個の2通り使うことができるので、組み合わせの総数は……。

$$4 \times 3 \times 2 = 24$$

ほら、24通りになった。

 なるほど！　確かに約数が24個あることはわかったんですが、それが多いと何かメリットがあるんですか？

約数が多いとどんなメリットがあるの？

 約数が多いと何かいいことがあるのか？　これを知るためにはメリットよりもデメリットから考えた方がわかりやすい。

例えば、もし円の一周が400°だったら、半円は200°、直角は100°になる。こっちの方が覚えやすくていいじゃん、と思うかもしれないが、一方で下図のような三角定規の内角は33.333……° や66.666……° のように、小数点以下に無限に数が続く扱いづらい数になってしまう。

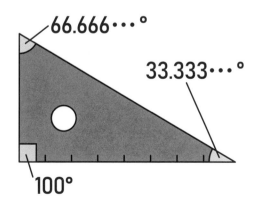

66.666…°

33.333…°

100°

直角はなぜ90°なのか？

4

う～ん、これじゃあ作図しづらそうですね……。

 その点、360という数は24個もの約数を持っているから、円の一周を360°としておくと、いろいろな正多角形を描く場合や斜面の傾きなどを考えるときにずっと便利だ。

一周が 400° だったら…
66.666…°

一周が 360° だったら…
60°

133.33…°

120°

360という数の面白い性質はまだまだたくさんあるから、その内のいくつかを見ていこう！

（ 360という数の面白い性質 ）

 360の約数を見ると、1から10までほとんど揃っている。

360の約数＝1, 2, 3, 4, 5, 6, 8, 9, 10, 12,……

確かに7以外を約数に持っていますね！

 すると、例えばホームパーティーでホールケーキを人数分に分けたいときに、参加者が7人以外ならたいていキリのいい角度で切り分けることができることになる。

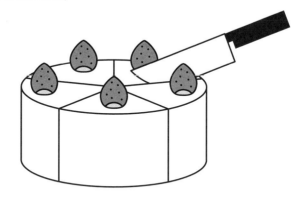

 パーティの参加人数が7人でないことを祈りましょう……。

 他には**連続する4つの自然数の積**で表すことができたり

$$360 = 3 \times 4 \times 5 \times 6$$

5つの連続した偶数の2乗の和で表すことができる。

$$360 = 4^2 + 6^2 + 8^2 + 10^2 + 12^2$$

ちなみに、数学とは関係ないけど、1949年から1971年まで、円とドルの為替レートは1ドル＝360円だった。
もしかしたら円は360°だから360円に決めたのかもしれない。

 約数が多いだけではなく、いろいろな数学的な性質もあるんですね！
なんだか神秘的！

暗記することよりも大切なこと

円の一周が360°であることの理由を考えてみたら、いろいろなメリットがあることがわかった。

しかし、円が360°であると漠然と覚えるのではなく、角度というのはどのようにでも約束することができると理解することの方がはるかに大切だと思う。

確かに円の一周を400°にしても、不便なだけで使うことはできますよね。

そうなんだ。

円の一周を400°にすることは決して間違いではないが、三角形の内角が無限に続く小数になってしまうなど、扱いづらい数になってしまうから避けたという実用的な理由に過ぎない。

普通は円の一周を360°とする考え方が主流だが、数字的には<u>ラジアン</u>（※3）という単位で表すこともある。「**円の一周はどうとでも約束することができる**」という思考の柔軟性があって初めて、360°ではなく2πと表すラジアンという表し方も抵抗なく受け入れることができるだろう。

※3　ラジアン：「円（扇形）の弧の長さ÷円の半径」によって角度を求める場合の単位をラジアンと言います。また、このような角度の測り方を弧度法（こどほう）と言います。
これに対して、今回説明してきた日本で主流の360°や180°のような角度の測り方を度数法と言います。

Q

平均値に騙されるな！

5

ニュースや評論では、データの根拠として
「平均値」がよく用いられる。
具体的な数値を添えて説明すれば、それだけ信ぴょう性が増すからだ。
すべての数値を均すことで算出される平均値は、
基準としての役割も果たすとても便利な値である。
しかし、データの見せ方によっては、
まるで意味が変わってしまうことがある。
平均値を間違った形で用いれば、実際は不景気であるにもかかわらず、
あたかも景気が回復傾向であるかのように
印象操作できてしまうのだ。
今回は、便利で危険な平均値の使い方を学んでいこう！

平均値って何のこと?

ねぇヒヨコイ、平均値という言葉を知っているだろうか?

平均値って、テストの平均点とかのことですか?

そうそう、他にも「平均気温」や「平均年収」など、身近なデータの傾向をつかむためによく利用されている。

ニュースでは毎日のように耳にしますよね。

学校では平均値を次のように習っただろう。
5人の生徒A〜Eがテストを受けた。それぞれの点数が60点、65点、70点、80点、95点のとき、5人の平均点は以下のように求めることができる。

$$（60点＋65点＋70点＋80点＋95点）÷5人＝74点$$

このように平均値とは、「要素の総和」を「要素の総数」で割った値のことである。

$$平均値 ＝ \frac{要素の総和}{要素の総数}$$

学校ではクラスごとのテストの平均点を出して競ったりしますよね。

そうだな。
膨大な量のデータを均すことで、一見して評価することのできる便利な値である。
しかし、平均値には欠点もあり、場合によっては事実と異なる結果を示すこともあるんだ。

平均値の恐ろしさとは?

 例えば次のようなケースを考えてみよう。
ある地域に学校Aと学校Bがあり、それぞれ理系クラスと文系クラスに分かれている。同じ数学のテストを実施したところ、各クラスの平均点は次のようだった。

	学校A	学校B
理系クラス	90	80
文系クラス	70	60

 理系クラス同士、文系クラス同士をそれぞれ比較すると、学校Aの方がどちらも平均点が高いですね。

 そう、このデータだけ見れば学校Aの方が学力が高いことになるだろう。ところが実際には、全校生徒数はどちらも100人だが、**クラスの人数の割合は学校によって大きく異なっていたんだ。**

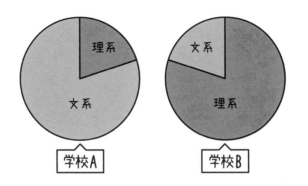

学校Aは、理系クラスが20人、文系クラスが80人。
一方、学校Bは、理系クラスが80人、文系クラスが20人だった。

平均値に騙されるな!

なるほど、学校Aは文系の生徒が多くて、学校Bは理系の生徒が多かったんですね。

 そこで、クラスごとの平均点ではなく、**学校全体の平均点**を計算してみよう。

> 学校A全体の平均点
> （90点×20人＋70点×80人）÷100人＝74点
>
> 学校B全体の平均点
> （80点×80人＋60点×20人）÷100人＝76点

よって結果はこのようになる。

	学校A	学校B
理系クラス	90	80
文系クラス	70	60
全体	74	76

 あれ？
クラスごとに比較するとどちらも学校Aの方が平均点は高いのに、**全体では学校Bが逆転**しましたね。

 クラスごとに平均点を出すことが間違っているわけではないが、このようにデータを見るときは広い視点で検証しなければならない。

平均のマジックに気をつけろ!

 平均値の扱い方を間違えると、不景気なのにもかかわらず、まるで景気が回復したかのように見えてしまうこともあるんだ。

 不景気なのに景気が回復?!
いったいどういうことですか?

 こんなニュースが報道されたとする。

「今年の平均年収は、100万円から500万円、500万円から1000万円、そして1000万円以上のどの階層においても、5年前の平均年収を上回っております」

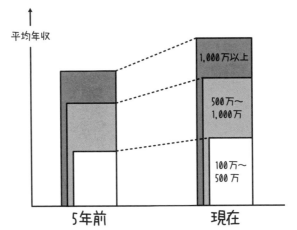

 みんなの給料が増えたってことですよね?
何も問題ないように思えますが……。

 確かにどの階層においても、平均年収が増加しているんだから景気が上向いていると考えてもよさそうだ。
ところが、国民は景気の回復を実感することはなかったという。

おかしいですね。
給料が上がったということは、生活が楽になるはずですよね？

この疑問を解決するために、次のようなケースを考えてみよう。
6人の労働者A〜Fの年収は次の通りだったとする。
右の値はそれぞれの階層における平均年収だ。

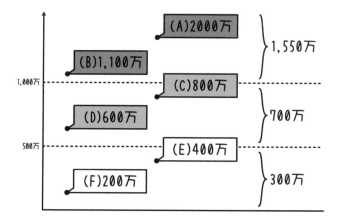

ここで、不景気のあおりを受け、6人全員の年収が20%カットされたとする。すると、それぞれの年収は次のように変化する。
もう一度それぞれの階層ごとの平均年収を計算してみると……。

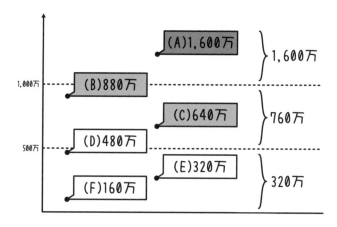

本当だ！　年収が20%カットされたはずなのに、すべての階層の平均年収が上がっている！

なんでこんなことが起こるんですか？

 それはそれぞれの階層に含まれる構成員が変化したからだ。

元々属していた階層では、平均年収を下げる原因となっていたBさんとDさん。この2人の年収が20%カットされたことで、それぞれボーダーを割ってしまい1つ下の階層へ移動したんだ。

さらに彼らが移動先で平均を引き上げたことによって、すべての階層の平均年収が増加したんだ。

 なるほど。

全体の平均年収の変化も比較しなければいけなかったということですね。

(外れ値に騙<small>だま</small>されるな！)

 平均値はデータ内の数値を均すことで計算される値なので、データ全体の推移を見るのに適している。

しかし、極端にズレた数値に強く影響を受けてしまうというデメリットも存在する。

例えば5人の労働者A〜Eの年収が次の通りだったとする。

	A	B	C	D	E
年収	50万	100万	150万	200万	3,000万

 Eさんはこの中でダントツの高給取りですね。

そうだな。
このとき、5人の平均年収は

$$（50万＋100万＋150万＋200万＋3000万）÷5人＝700万円$$

となり、Eさんが平均値を大きく押し上げていることがわかる。
このように、Eさんの3000万円のような大きく飛びぬけた数値を外れ値
と呼ぶ。

これじゃあ平均値が実態を表しているとは言えませんね。

そこでよく用いられるのが、中央値だ。
中央値はデータを順番に並べたときに、中央に出てくる数値のことだ。

なるほど、Cさんの150万円がそれに当たるんですね。

	A	B	C	D	E
年収	50万	100万	150万	200万	3,000万

このように、中央値は外れ値の影響を受けないというメリットがある。
そのため、極端に年収が高い人や低い人がいる場合などは平均値ではな
く中央値を用いた方が正しく状況を把握できるだろう。

それなら最初から中央値を使った方がいいような気がしてしまいますね。

 いや、中央値にもデメリットはある。中央の数値しか見ていないので、全体の分布を正確にとらえることができないのだ。

また、数値の変化も反映されないので、例えば、さきほどの5人のうち、Eさんの年収がなんらかの理由で300万円になったとする。それでも中央値は150万円のままなので、労働者の状況に変化はないように見えてしまう危険性がある。

 なるほど、データ全体を比較することはできないのか……。
中央値、平均値、それぞれにメリット、デメリットがあるのですね！

データは広い視点で見ることが大切

 データの見せ方によって真逆の結果が現れてしまうなんて、平均値は恐ろしい一面も持ち合わせているんですね。

 その通り。
ニュースや評論で平均という言葉を見たとき、まずはそれがどのような方法で算出された値なのか検証してみよう。

状況によっては中央値で見た方が適していることもあるので、**普段からデータを多角的に見る癖をつける**ことが大切だ。

データは人を裏切らないが、データを利用して人は人を騙すのである。

投票のパラドックス

6

選挙をはじめとして何か物事を決めるとき、多数決がよく用いられる。
多数決のメリットは、手軽に公平感、納得感が得られることだろう。
もし話し合いだけで決議をとろうとすると、
全会一致まで膨大な時間を使うことになる。
多数決は基本的に1人1票であり、人によって投票の価値に違いが
生じないことも、この方法が様々な場で活用されている理由だろう。
一見するとメリットの多そうな多数決であるが、
なんと投票の方法によっては結果が変わってしまうことがあるのだ。
公平に決めたつもりでも、ふたを開けてみれば
「公平感」を演出しているだけだったなんてことも……。
今回は、多数決に潜む罠、「投票のパラドックス」を見ていこう。

多数決なのに、不公平?!

 親鳥さん、さっき兄弟3匹でお昼ご飯に和食か洋食か中華のどれを食べようか迷っていたんですよ。

そこで、多数決をして、勝ち抜き戦で決めることにしたんです。

結果は洋食に決まったんですが、どうも納得できなくて……。

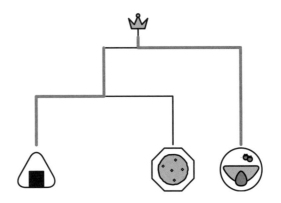

 なるほど、3匹とも食べたいものがバラバラだったんだな。

 そうなんですよ。だから話し合いをしていても一向に決まらなくて。

多数決なら全員が納得したものを選べるはずですよね?

 確かに多数決は一見すると公平な決め方のように思える。

しかし、扱い方を間違えると、思わぬ落とし穴にはまってしまうことがあるんだ。

 え? そうなんですか?

 まずは、3匹それぞれの好みに点数をつけてくれないか?

もっとも食べたいものは3点、もっとも食べたくないものは1点だ。

わかりました。ヒヨコアは洋食が好きで、ヒヨコウは中華が好きだから……親鳥さん、できましたよ！

<img ア>	2	3	1
<img イ>	3	1	2
<img ウ>	1	2	3

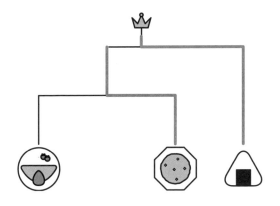 ではもう一度、組み合わせを変えて勝ち抜き戦を行ってみよう。
1回目に「洋食」と「中華」で多数決をとるとどうなるだろうか？

 洋食と中華なら、僕とヒヨコウが中華、ヒヨコアが洋食に投票することになるから、2対1で中華の勝ちですね。

そうだな。
では勝ち抜いた中華と和食で多数決をとるとどうなるかな？

 僕とヒヨコアが和食、ヒヨコウが中華に投票することになるから……。

2対1で和食の勝ちですね。
あれ？　僕の好きな和食に決まったぞ？

 多数決のとり方によって結果が変わってしまっただろ？

 なんでこのような矛盾が起こるんですか？

 それは「和食」「洋食」「中華」が三すくみの関係になっているからだ。

 三すくみってどういう関係ですか？

 代表的な例といえばジャンケンだ。
同じように勝ち抜き戦をやってみるとこのようになる。

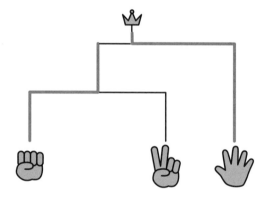

 「パー」がもっとも強い手ということになりますね……ってあれ？
ジャンケンに強い手も弱い手もないはずですよね？

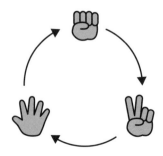

そう、本来「グー」「チョキ」「パー」の強弱はどれも同じはずである。これを三すくみの関係という。
なのに、勝ち抜き戦を行った結果、「パー」＞「グー」＞「チョキ」という強さの順位がついてしまった。

 なるほど、多数決のとり方を間違えると、こんな問題が起きてしまうんですね！

（ もっとも人気のない人が選ばれる?! ）

 さきほどの場合は3つの優劣は同じだったけれど、投票のやり方によっては<u>もっとも人気のない人が選ばれてしまう可能性</u>だってあるんだ。

 もっとも人気のない人が選ばれる?!
いったいどういうことですか？

 選挙を例に考えてみよう。
ある地区からA～Cの3名が立候補した。
そして有権者はヒヨコア～ヒヨコケの9匹とする。

彼らには支持している候補者に、以下のように点数をつけてもらった。もっとも支持している候補者は3点、もっとも支持していない候補者は1点だ。

	ア	イ	ウ	エ	オ	カ	キ	ク	ケ
A	1	3	3	2	2	2	2	2	2
B	2	2	2	3	3	1	1	1	3
C	3	1	1	1	1	3	3	3	1

それでは、投票日前に有権者の9匹に対してこんな質問をしたとしよう。「この中で、もっとも支持していない立候補者は誰か？」

もっとも支持していないのは、1点を一番多く獲得している人だから、Cさんが選ばれることになりますよね？

	ア	イ	ウ	エ	オ	カ	キ	ク	ケ
A	1	3	3	2	2	2	2	2	2
B	2	2	2	3	3	1	1	1	3
C	3	1	1	1	1	3	3	3	1

その通り、Cさんがもっとも人気がないことになる。

では質問を変えよう。
「この中で、もっとも支持されている立候補者は誰か？」

それだと3点を一番多く獲得している人が選ばれることになるから……
あれ？　またCさんが選ばれることになりますよ?!

	ア	イ	ウ	エ	オ	カ	キ	ク	ケ
A	1	3	3	2	2	2	2	2	2
B	2	2	2	3	3	1	1	1	3
C	3	1	1	1	1	3	3	3	1

そうなんだ。
つまりCさんは、<u>もっとも不人気な候補者であり、もっとも人気のある候補者</u>でもあったんだ。

でも、支持していないという意思を投票で示すことはできませんよね？

そう、選挙は多数決によって集団の意思決定を行う制度なので、「誰をもっとも支持するか」という一面でしか有権者は意思を示せない。
一番多くの支持を集めた候補者が勝つという制度は単純明快ではあるがデメリットも多い。

何か解決策はないのでしょうか？

実は、他にも投票の方法はあるんだ。
さっそく見てみよう！

投票のパラドックス

決選投票では選挙結果が変わる?!

 このまま投票を行えば、多数決によりCさんが当選することになる。
しかし、<u>得票率</u>（※）は過半数に達しないことがわかる。

※得票率：全体の票数の中で、その候補者が得た票数の割合のことです。

	ア	イ	ウ	エ	オ	カ	キ	ク	ケ
A	1	3	3	2	2	2	2	2	2
B	2	2	2	3	3	1	1	1	3
C	3	1	1	1	1	3	3	3	1

 確かに9票中、Cさんが獲得したのは4票だから半分以下ですよね。

 このように、1回目の選挙で得票率が過半数に達する候補者がいなかった場合、上位2名によってもう一度再選挙を行う制度がある。これが「<u>決選投票</u>」だ。
最終的に1対1の構図に持ち込まれ、必然的に当選者は過半数の支持を得ることになる。

これなら選挙の結果に納得する人が増えそうですね！

では決選投票を行った場合、結果がどのように変わるのか見ていこう。
1回目の投票ではCさんの得票率は過半数に達していないので、2位のB
さんとの決選投票が行われる。
この2名を比べた場合、ヒヨコア〜ヒヨコケはどちらに投票することに
なるだろうか？

Bさんに5票、Cさんに4票入れることになりますよね？
あれ？　Bさんの方が票を多く集めた？

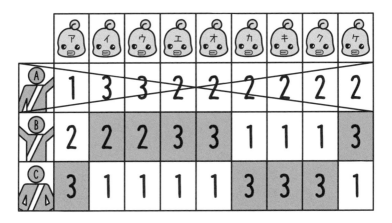

そう、決選投票を行った場合の当選者はBさんになるんだ。

本当に支持されているのはBさんだったんですね！

果たして本当にそうだろうか？
さらにもう1つの投票方法で選挙の結果を見てみよう。

まだ他にも方法があるんですか!?

ボルダ投票でも違った結果になる?!

 決選投票以外にも 「__ボルダ投票__」 と呼ばれる方法がある。
さきほど3人の候補者に対して点数をつけたが、まさにこれがボルダ投票という方式なんだ。
ボルダ投票では、もっとも支持している候補者だけではなく、2位や3位にも点数をつけることができるので、2位以下へも意思表示できることになる。

 いったいどんな方法なんですか？

 ボルダ投票の場合は、それぞれの候補者に付けた得点を足し算してその合計値で評価する。

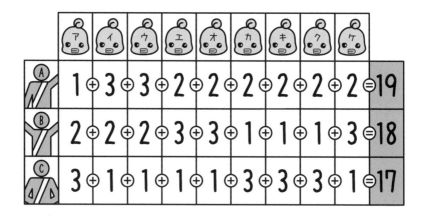

 Aが19点、Bが18点、Cが17点ということは……あれ？
一番得点が高いのはAさん？

 そう、ボルダ投票における当選者はAさんになるんだ。

 投票方法の違いによって、見事に当選者が分かれましたね！

多数決は万能ではない

 結局のところ多数決とは、最終決議で100対99の結果が出た場合、「99の意見は抹消する」ことを意味している。

このように多数決は手軽に公平感、納得感が得られやすい反面、採用された選択肢は正しく、採用されなかった選択肢はまるで無価値であるかのように扱われてしまう。

 今回のように、投票の方法によって結果が変わってしまうこともありますから、多数決で負けたからと言って簡単に切り捨ててしまうのはもったいないですよね。

 そう、公平に決めているつもりでも、どこかに不合理が潜んでいる可能性は十分に考えられる。

今後、学校や会社で多数決をとる機会があったら、どの案を採用するのか検討する前に、「どのような投票の方法で決めるのが相応しいか」も考えてみるといいだろう。

いや、
「決選投票」の方が
公平だ！

食べるものを
「多数決」で決めよう！

「ボルダ投票」が
一番に決まってる！

Q

髪の毛の本数が同じ人はいるか？

横浜市内に髪の本数がまったく同じ人はいるだろうか？
こんな質問をすると「髪の本数なんて調べようがない」だとか
「いるような気がするけれど確実じゃない」などの
意見が返ってくるかもしれない。
確かに人間の髪は1日に100本近く抜けるらしいし、顕微鏡で頭皮を
拡大しなければわからないような細かい産毛のことも考えたら、
とてもじゃないが髪を1本1本数えることなんて不可能だ。
しかし「鳩ノ巣原理」を使えば100%確実に
この問の真偽を確かめることが可能である。
今回は1本1本数えなくても答えを導くことができる
裏技のような数学を紹介しよう。

髪の本数を正確に
数えることはできる?

 ねえヒヨコイ、横浜市内に住む約380万人のうち、髪の本数が全く同じ人っていると思う?

 髪の本数が全く同じ人? う〜ん、いないんじゃないですか?

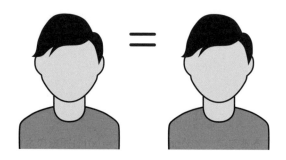

 どうしてそう思うんだ?

 だって、人間の髪は無数に生えているんだし、まったく同じ本数の人がいるとは思えませんよ。
それに調べようと思ったら同じ髪の本数の人が見つかるまで1本1本地道に数えなければならないことになりますよね?
途中で数え間違えそうだし、こんなのわかるわけないじゃないですか!

うん、確かに人間の髪の本数は多いと15万本くらい生えているらしいから正確に数えるのは難しいだろう。

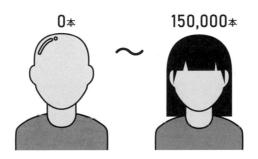

0本　〜　150,000本

 まぁ横浜市に約380万人も住んでいるんだったら、髪の本数が同じ人がいてもおかしくないとは思いますけど……。

 いるような気もするし、いないような気もする。人によって意見が分かれるところだろう。しかし、数学的に考えればこの問題は100％確実に証明することができるんだ。
そしてその答えは「いる」である。

 え？　どうしてそう言い切れるんですか？

 それは「鳩ノ巣原理」というもので証明することができるんだ。

 鳩ノ巣原理？　いったいどんな証明方法なんですか？

（ 鳩ノ巣原理とは？ ）

 例えば鳩が4羽に巣が3つあるとしよう。
鳩が巣の中に入ろうとするとどうなる？

 巣が1つ足りないですよね？

そうだな、だからすべての鳩が無理やり巣に入ろうとすると、必ずどれかはペアになってしまう。

 なんだかすごく当たり前のことを言われている気がする……。

 他にも、5人集まれば同じ血液型の人が必ずいることになる。
血液型はA、B、O、ABの4種類しかないので、5人に対して別々の血液型を割り振ることは不可能だからだ。

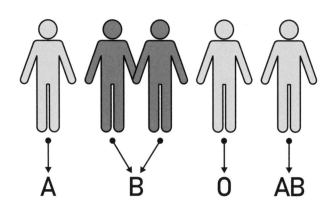

 確かにそうですね。

 つまり鳩の数に対して巣の数が少ない状況ならば、鳩ノ巣原理が使えるということだ。

 すると髪の本数の場合は、横浜市に住む約380万人に対して、人間の髪の本数は最大で15万本くらいなんだから、う～ん……。

15万と1室もある巨大なホテル!?

例えばあるホテルに0から15万号室までの部屋があるとしよう。横浜市民は自分の髪の本数と同じ番号の部屋に入るとする。すると髪の本数は最大で15万本なんだから、必ずどれかの部屋に入ることになる。

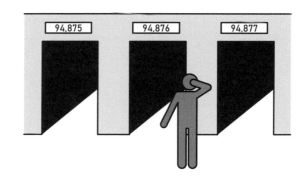

しかし横浜市民380万人に用意された部屋の数はたったの15万と1室しかない。そのため、相部屋や複数人がギュウギュウに押し込まれた部屋がたくさんできることになる。

同じ部屋に入った人同士は同じ髪の本数ということになる。
だから、実際には横浜市内に髪の本数がまったく同じ人が1組どころか、たくさんいることになるんだ。

でも、髪の本数を正確に数えることはできないんだから、自分が何号室に入ればいいのかわかりませんよね?

じゃあ神様が教えてくれるとしよう。
「お前の髪は〇〇本だ」って言われたら、必ずどこかの部屋に入ることになるだろ？

神様って……なんかずるい気がするけど、でも確かに人の髪の本数は0から15万本の間に確実にあるんだから、どこかの部屋に入ることになるのか……。

鳩ノ巣原理の面白いところは、どの部屋に複数入っているのか、つまり髪の本数が同じ人たちの実際の本数は何本なのかは最後まで判明しないまま、確実に「いる」ことが証明できてしまうところ。

論理クイズのような面白さがありますね！

鳩より鳩ノ巣が多い場合はどうなる？

このように鳩ノ巣原理は鳩に対して巣の数が少ない状況ならば成り立つ論法である。
うるう年を無視すると誕生日は365通りだから、366人集まれば少なくとも1組は同じ誕生日であると言い切ることができるように。

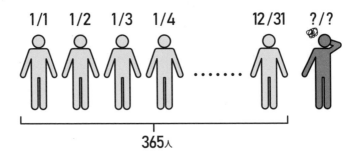

1/1　1/2　1/3　1/4　　　　　12/31　?/?

365人

でも、現実的には366人も集まらなくても誕生日がかぶるような気がしますけどね。

うん、いいところに気がついたな！
確かに366人いれば100%確実に同じ誕生日の人がいると言い切ることができる。
しかし、これは1/1〜12/31生まれのすべての人が揃っていて、最後の1人は誰かとかぶるというとてつもなくレアなケースも含めてしまっている。
現実的にはもっと手前でかぶる人が現れてもおかしくない。

 何人くらい集まれば誕生日がかぶる可能性が高くなるんだろう？

（ 学校のクラス内で 誕生日がかぶる確率 ）

 それでは学校のクラスメイト同士で誕生日がかぶる確率を実際に計算してみよう。
1クラス40人とすると、どれくらいの確率で誕生日がかぶると思う？

僕たち同じ日に生まれたんだ

 そういえばクラスメイトと誕生日がかぶった記憶ってないですね。
すごく低い確率なんじゃないですか？

 果たして本当にそうだろうか？　実際に計算してみよう。
「少なくとも1組は同じ誕生日である確率」を求めたいのなら、全体から「全員誕生日がバラバラになる確率」を引けばいい。

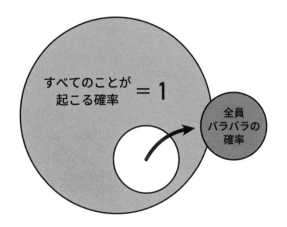

 1人目の誕生日は365日中どれでもいいけれど、2人目は1人目とかぶってはいけないので364日のいずれかでなければならない。

3人目は363日のいずれか、4人目は362日のいずれか……。

このように人が増えれば1個ずつ誕生日の候補が減っていくので、40人全員の誕生日がバラバラの確率はこのようになる。

$$\frac{365}{365} \times \frac{364}{365} \times \frac{363}{365} \times \frac{362}{365} \times .... \times \frac{326}{365} = 約11\%$$

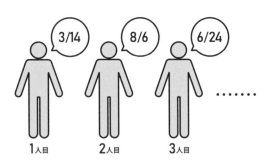

よって「少なくとも1組は同じ誕生日である確率」はこうなる。

$$1 - \frac{365}{365} \times \frac{364}{365} \times \frac{363}{365} \times \frac{362}{365} \times .... \times \frac{326}{365} = 約89\%$$

 89%!? 40人集まれば十中八九誕生日のかぶる人がいるということですよね？ 本当にそんなに高いかなぁ？

実はこれは「**誕生日のパラドックス**」と呼ばれていて、直感に反して誕生日がかぶる確率はずっと高いことで知られている。そのように感じる理由は、ある勘違いをしやすいからなんだ。

 勘違い？

 ポイントは、自分と同じ誕生日の人がいる確率ではないということ。

君たち
同じ誕生日
だったのね

 なるほど！ 自分と同じ誕生日の友達がいれば気づきやすいけど、クラスメイトの誰かと誰かが同じ誕生日だったとしてもなかなか知る機会ってないですよね。

100%確実でなくてもいい?

 今回紹介した鳩ノ巣原理と誕生日のパラドックスはまったく異なる分野の数学だけれど、ある程度の人数が集まれば検証することができるので、クラスメイトや会社の同僚とゲーム感覚で実際に数えてみると盛り上がるだろう。

 どちらの話も直感に反する面白い結果になりましたね！

 鳩の数に対して巣の数が少ない状況ならば、調べることが不可能な事柄も確実に証明できることが鳩ノ巣原理の強み。でも現実的には100%確実でなくてもおおよそ正しければ構わないというケースもある。

髪の毛の本数が同じ人はいるか？

例えばこんなゲームを考えてみよう。

いくつかの6面のサイコロを同時に投げて、ゾロ目が1組でもできれば賞金を獲得できる。サイコロの個数はプレイヤーが決めることができるが、投げる個数は事前に申告し、1個につきプレイ料金として1000円を支払わなければならない。

確実に賞金を獲得したいのなら、サイコロを7個投げればいいってことですよね?

その通りだ。もし6個の目がバラバラだったとしても、7個目は1〜6のいずれかの目が出ることになるので、鳩ノ巣原理により確実にゾロ目ができることになるからだ。

ただし、このときプレイ料金として1000円×7回＝7000円を支払わなければならない。

なるほど……。賞金によっては儲け分が少なくなってしまいますね。

このゲームのポイントは、確実に勝ちたいのか、それともおおよそ勝てればいいのか判断すること。賞金が低い場合は、勝つ確率を下げてでも出費を抑えた方が賢明だ。

例えば、サイコロを4個投げて少なくとも1組ゾロ目ができる確率はどのくらいだろうか? これを求めるには、誕生日のパラドックスのように、全体から「すべてのサイコロの目がバラバラになる確率」を引けばいい。

$$1 - \frac{6}{6} \times \frac{5}{6} \times \frac{4}{6} \times \frac{3}{6} = 約72\%$$

なるほど、72%なら運に任せてもよさそうですね!

逆に賞金が高額の場合は、確実に勝つためにサイコロを7回投げるのもアリってことですね。

そうだな。このように、鳩ノ巣原理が強力にはたらく場合とそうでない場合があるので、状況に応じて柔軟に使い分けてほしい。

Q

ハチの巣はなぜ六角形？

自然界には様々な図形が潜んでいる。

例えばハチの巣は自然にできたものとはとても思えないほど、

美しい正六角形が整然と並んだ構造をしている。

ミツバチは巣の中にハチミツを蓄え、幼虫を育てるために立派な巣を

作るが、なぜこのような複雑な形をしているのだろうか？

人間の感覚だと、円や正三角形、正方形の方が作りやすそうに見える。

しかし見方を変えると、

実はこのような構造は非常に合理的であることがわかる。

さらに正六角形を組み合わせた構造は現代の物作りにおいても、

なくてはならない技術なのである。

今回は、自然界に潜む数学の神秘について見ていこう！

ハチは経済的な生き物?!

 親鳥さん、昨日道端に空っぽのハチの巣が落ちていたんですよ。
おそるおそる観察してみたら、六角形の穴がたくさん空いていたんですけど、なんであんな作りになっているんですか?

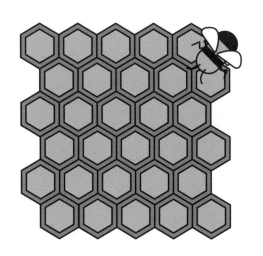

 お! いいところに気がついたな!
実はハチの巣が六角形になっているのは、合理的根拠に基づいているんだ。

 え?! ハチの巣にそんな秘密が隠されていたんですか?!

 ミツバチやアシナガバチ、スズメバチのような集団で生活するハチの巣は、正六角形が隙間なく敷き詰められた構造になっている。このような構造を <u>ハニカム構造</u> という。
働きバチは体内から分泌される蜜蝋と呼ばれる素材を使って部屋を作り、そのなかでハチミツを貯めたり、幼虫を育てたりしているんだ。

 でも、なんで正六角形になっているのでしょうか?
円や正三角形の方が作りやすそうな気がします。

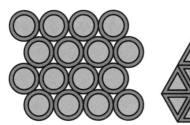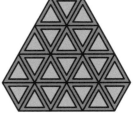

 それは、ハチにとって<u>正六角形がもっとも経済効率がいい</u>からなんだ。

 経済効率？

 巣を作るために必要な蜜蝋は、**ハチにとってたいへん貴重な資源**なんだ。なぜなら、蜜蝋を作るためには、約10倍ものハチミツが必要だからだ。1匹のミツバチが一生のうちに集めることのできるハチミツはティースプーン1杯と言われているから、蜜蝋はほんのわずかしか作ることができない。

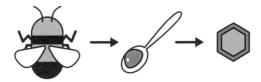

 え？　たったそれだけ？
一生をかけてそれだけしか集めることができないなんて……。

 1匹が集められる量は微々たるものだが、女王蜂の配下には数万という働きバチが動いている。人海戦術を取ることで、あのような構造物を作り上げているんだ。

 じゃあ、少しも無駄にできないですね。

 その通り。できるだけ少ない蜜蝋で大きな巣を作ろうとした結果、正六角形の巣を作るように進化したのだろう。

隙間だらけのハチの巣?!

 もしハチの巣が円だったら、巣の断面はこのようになる。

円をどれだけがんばって敷き詰めても必ず隙間ができてしまい、無駄な空間がたくさんできてしまう。貴重な蜜蝋を効率よく使うためには、なるべく隙間ができないようにしたい。

そもそも平面に隙間なく敷き詰めることのできる正多角形は、正三角形と正方形、そして正六角形の3つしかないんだ。

 え？　そうなんですか？

 理由は簡単だ。

図形を敷き詰めたとき、1点に集まる角の大きさの和が360°になる必要がある。そのためには、1つの内角の大きさの値が360の約数でなければならない。

  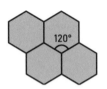

正多角形の1つの内角は60°以上180°未満であり、その範囲で360°の約数を持つ図形が、正三角形（60°）、正方形（90°）、正六角形（120°）の3つしかないのだ。

なるほど。

正五角形の1つの内角の大きさは108°だけれど、108は360の約数ではないですもんね。

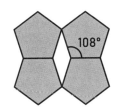

108°

 そう、だからどれだけがんばって敷き詰めようとしても、必ず隙間ができてしまう。

隙間ができるということは、貴重な蜜蝋が無駄になるだけでなく、強度が損なわれることにもつながるのでデメリットが多いんだ。

 ハチってとっても賢い生き物なんですね！

なぜ正三角形や正方形ではダメなの？

 ちょっと待ってください！

正三角形や、正方形でも隙間なく敷き詰めることができるのだったら、正六角形にこだわる必要はないですよね？

 正方形の場合は明らかに構造的な問題がある。

図のように、巣に対して横方向の力がはたらくとつぶれてしまうからだ。

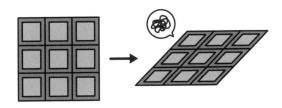

強度に問題があるんですね。
じゃあ正三角形はどうなんですか?

 実はもっとも頑丈な構造は正三角形なんだ。
それに、我々から見れば正六角形は辺の本数が多く、複雑で作りにくい
ように見える。

 え?　それならなおさら正三角形の巣を作ればいいじゃないですか!

 ただし、この「複雑」「作りにくい」という感覚は我々の思い込みであり、
見方を変えればもっともシンプルな図形は正六角形とみなすことができ
るんだ。

 正六角形がもっともシンプルな図形???
いやいや、絶対に違うでしょ!

 ハチの気持ちになって巣を作ることを考えてみよう。
ある地点にハチがいるとして、そこから蜜蝋の壁を伸ばしていくとする。
すると、正三角形の場合は6枚の壁、正方形の場合は4枚の壁を作らなけ
ればないらないのに対して、正六角形の場合は3枚の壁だけで済むこと
がわかるだろう。

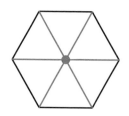 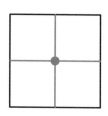 

 あれ?　確かにそうですね。

 このように、点と辺の観点から考えると、もっともシンプルな図形は正
六角形なのである。

ハチは正六角形の部屋を作っているというより、テトラポッドのようなパーツを組み合わせている感覚なのかもしれないですね。

 さらに、経済効率の観点から見ても、もっとも優れているのは正六角形なんだ。
例えば1本の紐を使って同じ面積の正三角形、正方形、正六角形を作ったとき、もっとも紐の長さが短くなるのは正六角形である。

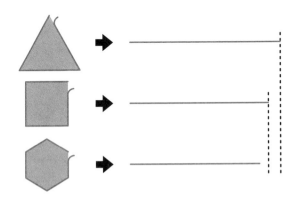

なので、紐の部分が必要な蜜蝋の量と考えると、同じサイズの巣を作ったときに蜜蝋を一番節約できるのは正六角形を組み合わせた巣ということになる。もっと言うと、蜜蝋の量を節約できるということは軽量化にもつながることになる。

 なるほど、**ハニカム構造は軽くて経済的**なんですね！

人間とハチがたどり着いた共通解

 以上のような特性から、ハニカム構造は虫の世界を飛び越えて人間の物作りにも利用されている。
例えば、飛行機の翼、電車の自動扉、建築材料など様々な場面で使われている。

原子レベルにおいても、炭素同士が六角形に結合すると、もっとも強度が増すことが知られていることから、六角形で構成されるカーボンナノチューブは次世代の炭素素材として期待されているんだ。

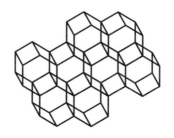

 たくさんの用途があるんですね！

 また、最初に話したように、強度の面では正三角形がもっとも高いことに変わりはないが、正六角形を組み合わせた構造は衝撃吸収性に優れているといえる。
図のように、一方向から加えられた衝撃を5つに分散することができるからだ。

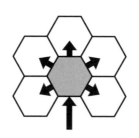

ハチが進化の過程でどのようにして整然と並んだ六角形の構造物を作れるようになったのかはわからない。しかし、自然界に存在する図形は、**合理的な理由**があってそのような形になっていることがわかっただろう。

 人間とハチが、同じ正六角形の構造にたどり着くなんて、とても神秘的ですね！

Q

ピッタリ 50回 表が出る 確率は？

コインを100回投げて表がピッタリ50回出る確率はどのくらいだろうか？

①100%
②50%
③8%

100%？　それとも50%？
しかし、冷静になって考えてみると、100回もコインを投げて、
都合よく50回表になるなんてそうそう起こらないことに気づくだろう。
実際は49回や51回など、惜しいケースが起こる可能性も十分考えられる。
今回は、直感に反する結果の表れる確率問題を解いてみよう！

確率は直感を信じるな?!

 コインを100回投げて表がピッタリ50回出る確率はどのくらいだろうか？
ただし、コインの表と裏の出る確率は互いに等しいものとする。

①100%
②50%
③8%

 表と裏の出る確率が同じなら、100回投げたら半分の50回は表が出なければおかしいですよね。
すると正解は①の100%ですか？

 確かに表が出る確率は50%なんだから、100回コインを投げれば50回は表が出るように思える。
しかし、本当に都合よくそんなこと起こるだろうか？
この問題のポイントは、表がちょうど50回出る確率であること。

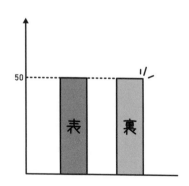

なるほど、表が49回でも、51回でもダメなんですね。
じゃあ、②の50%かなぁ？

 果たして本当にそうだろうか？
計算して確かめてみよう！

50回連続で表が出る確率はほぼ0!?

 コインを1回投げて、表が出る確率はどのくらいだろうか？

 表か裏のどちらかが出るんだから、$\frac{1}{2}$ですね。

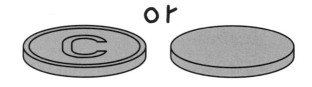

 では、コインを50回連続で投げて、すべて表が出る確率はどのくらいだろうか？

 表が出る確率$\frac{1}{2}$が50回連続で起こる確率だから……$\frac{1}{2}$の50乗ですね。

$$\underset{\text{1回目}}{\frac{1}{2}} \times \underset{\text{2回目}}{\frac{1}{2}} \times \underset{\text{3回目}}{\frac{1}{2}} \times \underset{\cdots\cdots}{\cdots\cdots} \times \underset{\text{50回目}}{\frac{1}{2}} = \left(\frac{1}{2}\right)^{50}$$

 その通り。
じゃあ、コインを100回投げて、前半の50回はすべて表、後半の50回はすべて裏になる確率は？

あれ？　さっきと何が違うんですか？

この場合は、**後半に表が出てはならない**ので、裏が連続で50回出る確率をかける必要がある。

よって求める確率は、

$$\left(\frac{1}{2}\right)^{50} \times \left(\frac{1}{2}\right)^{50} = \left(\frac{1}{2}\right)^{100}$$

である。

なるほど。

ちなみに百分率で表すと

$$\left(\frac{1}{2}\right)^{100} = 約0.0000000000000000000000000001\%$$

宝くじで1等が当選するのは0.00001％と言われているので、それよりもずっとずっと低い確率だ。

え?!　ほとんど0じゃないですか！
すると、表がピッタリ50回出る可能性はほとんどないってことですか？

いやいや、これはあくまで**前半の50回がすべて表で、後半の50回がすべて裏になる、極めて特殊なケース**が起こる確率だ。
逆に前半の50回すべてが裏で、後半の50回すべてが表になるパターンや、表と裏が交互に出るパターンなど、他にもたくさん組み合わせは考えられるだろ？　それらをすべて数える必要がある。

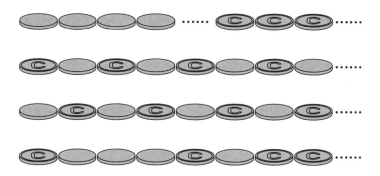

 あそっか！
実際にはもっとランダムに表が出そうですね。
でも、50回表が出るパターンって、全部で何通りあるんだろう？

 ここでは机の上にある裏向きの100枚のコインから50枚選んで表にする、
という形に置き換えて考えてみよう。

(組み合わせに順序は関係ない)

 表にするコインの選び方を順番に考えていこう。
まず1枚目は、100枚のうち好きなコインを表にすることができるので、
選び方は100通りある。次に、2枚目はさっき1枚ひっくり返してしまっ
たので、99枚のうちのどれかを選ぶことになるんだから99通り。
3枚目は、98枚のうちのどれかだから98通り。4枚目は97通り、5枚目は
96通り……このように選んでいくと、50枚目は何通りの選び方があるだ
ろうか？

 えーっと……51通りですね！

そうだな。よって 50 枚を選ぶときの組み合わせの数は

$$100 \times 99 \times 98 \times .... \times 52 \times 51 通り \rightarrow \alpha$$

としてしまいそうになるがそうではない。

 え?! どうしてですか?

 この方法では、50枚のコインをどの順番で表にしたのか? も含めて
カウントしてしまっているんだ。
例えば最初の3枚を表にする場合でも
「1枚目→2枚目→3枚目」
「1枚目→3枚目→2枚目」
「2枚目→1枚目→3枚目」
「2枚目→3枚目→1枚目」
「3枚目→1枚目→2枚目」
「3枚目→2枚目→1枚目」
のすべてがカウントされてしまっている。

 なるほど、でも今回はどの順番でひっくり返したのかは考えなくていい
はずですよね?

 そうだな。そのためには、「50枚のコインの選び方（α）」を「ひっくり
返す順番のパターン数」で割らなければならない。
50枚のコインをひっくり返す順番が何通りあるのかはこのように計算で
きる。

$$50 \times 49 \times 48 \times .... 2 \times 1 通り \rightarrow \beta$$

よって50枚を選ぶときの組み合わせの数は、αをβで割って、下記の通りになる。

$$\frac{100 \times 99 \times 98 \times \dots \times 52 \times 51}{50 \times 49 \times 48 \times \dots 2 \times 1} 通り \to \gamma$$

50回表が出る確率は低い？ それとも高い？

さきほど計算したように、前半の50回はすべて表が出て、後半の50回はすべて裏が出る確率は$\left(\frac{1}{2}\right)^{100}$である。

しかし表の出方はこれに限らずいくつも存在し、そのパターンの総数はγである。

よって、コインを100回投げたとき、ピッタリ50回表が出る確率は次のようになる。

$$\gamma \times \left(\frac{1}{2}\right)^{100} = \frac{100 \times 99 \times 98 \times \dots \times 52 \times 51}{50 \times 49 \times 48 \times \dots 2 \times 1} \times \left(\frac{1}{2}\right)^{100}$$
$$= 約8\%$$

というわけで、正解は③の8%だ！

コインの表が出る確率は50%なのに、ピッタリ50回表が出る確率は8%しかないんですね。

それとも意外と高い確率なのかなぁ？

確率を検証してみよう！

 そもそも、コインを100回投げると、ピッタリ50回表になる確率が8％に
なるって、どういうことなのでしょうか？

 それは、「コインを100回投げる」という試行を行ったときに**100人
中8人くらいがピッタリ50回表になる**ということだ。
ちなみに、他の回数よりも50回表が出る確率が一番高い。
その次に起こりやすいパターンは表が51回、もしくは49回。その次は表
が52回、もしくは48回。表が出る回数をグラフにすると、このような山
なりの形になるんだ。

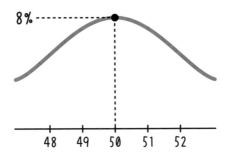

 なるほど、1人で100回コインを投げたら、49枚とか51枚のようなニアミ
スが起きたりするけれど、たくさんの人が集まって実験したら、表がピ
ッタリ50回出る人が一番多くなる可能性が高いということですね。

 40人のクラスメイト全員で1人100回ずつコイントスをしたとき、

$$40人 \times 8\% ＝ 3.2人$$

となり、ピッタリ50回表が出る人が3、4人は現れる計算になる。
ぜひ友達を集めて検証してみよう！

歪んだコインでコイントスするには？

10

給食の残りを食べる権利や仕事の役割分担をするとき、話し合いでは
埒（らち）が明かないので、しばしば天運に任せて決めることがある。
その1つとしてよく使われる方法が「コイントス」だ。
表か裏のどちらが出るか互いに予測し、的中させた方の勝利となる。
表と裏の出る確率は等しく、公平に勝敗を決めることができるだろう。
では、もしコインが歪（ゆが）んでいたらどうなるだろうか？
そんなコインでは、表と裏の出る確率に差が生まれてしまうので、
出にくい面を選んでしまった方が不利である。
しかし、少し工夫することで、
たとえ歪んだコインでも公平に勝負をすることが可能となる。
今回は確率の基本と一緒にその方法を考えてみよう！

もしコインが歪んでいたら?

 コインの表と裏や、サイコロのそれぞれの目のように、出る確率が同じ場合は簡単に確率を求めることができるが、もしコインが歪んでいたらどうすればいいだろうか?

 これじゃあ公平にコイントスをすることができないですね……。

 起こり得る出来事は「表が出る」「裏が出る」の2通りだけれど、だからといって、こんなふうに歪んだコインの表が出る確率が50%だなんて言われても信用できない。

 こんなコインじゃあ確率を求めることなんて不可能ですよね?

 確かにコインが歪むことによって、どれくらい表が出る確率が変わったのか正確に求めることは難しい。しかし、確率は計算によって求める方法だけではないんだ。

 いったいどうすればいいんですか?

 実際にコインを投げて調べてみればいいんだ。

 なるほど!　その手がありましたか!

 例えば歪んだコインを100回投げて60回表が出たとする。すると表が出る確率は60%くらいだろうか?

もっと正確な数値を知りたいのなら、投げる回数を増やしてみよう。
1,000回投げたら631回、10,000回投げたら6,209回表が出たとすると、表が出る確率は62%くらいであると予想できる。
このように、実験によって確率を求める方法は、試行回数を増やせば増やすほど正確な数値に近づいていく。

投げた回数	100回	1,000回	10,000回
表の回数	60回	631回	6,209回
表の割合	60%	63.1%	62.0%

 もっともっとコイントスの回数を増やせば、より正確な確率を求めることができそうですね！

 そう、このように確率は「数学的に求める方法」と「実験によって求める方法」の2通りの求め方があるんだ。

 でも、すぐに決着をつけたいときに、いちいち表の出る確率を調べるわけにはいきませんよね……。

 そうだな。
しかし、実は表が出る確率がどのくらいなのかわからなくても、<u>工夫次第で公平に勝負することができる</u>んだ。

 え?! 本当にそんな方法があるんですか？

 その前に、まずは確率の基本について確認しておこう。

絶対に起こる出来事の確率は?

 赤い球が3個、白い球が2個入った袋がある。この袋から球を1つ取り出すとき、赤か白のどちらかが出る確率はいくらだろうか?

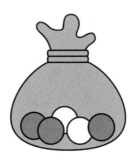

 え? 赤い球と白い球しか入ってないんだから、100%に決まってるじゃないですか!

 そうだな。
これを分数で表すと、5個のうち、5個のどれかを取り出す確率だから5/5、つまり**絶対に起こる出来事の確率は1**だ。
では、黒い球が出る確率はいくらだろうか?

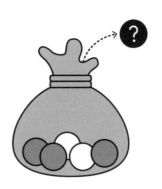

 黒い球? そんな色の球なんて入っていないんだから……0%?

正解だ。

分数で表すと、5個のうち、黒い球は0個だから$\frac{0}{5}$、つまり0となる。

このように、確率は常に<u>0（0%）〜1（100%）</u>の数値を取る。

 言葉では「120%の力を発揮する」のように言ったりするけれど、確率の世界に120%なんて値はないんですね。

(歪んだコインで公平に勝負するには?)

 歪んだコインの表が出る確率がわからないので、とりあえずPとおこう。

 確率がどのくらいかわからないから適当な文字で表しておくんですね。

 さっき説明したように、**絶対に起こる出来事の確率は1である**。

だから、コイントスをしたとき、表か裏のどちらかが出る確率は1。

よって、**表の出る確率がPのとき、裏の出る確率は1－Pと表される**。

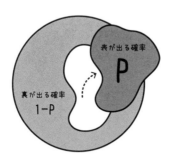

 なるほど。歪みのないコインなら、

> 表が出る確率 　$P = \dfrac{1}{2}$
>
> 裏が出る確率 　$1 - \dfrac{1}{2} = \dfrac{1}{2}$

となるわけですね。

それでは、歪んだコインでコイントスの勝負を行う方法を考えてみよう。
公平な勝負をするためのポイントは、**起こる確率が同じ選択肢を2つ作ること**だ。起こる確率が同じだからこそ、どちらを選んでも公平性が保たれるからだ。

そこで、コインを1回ではなく2回投げることでこの問題を解決してみよう。
コインを2回投げると、どのような面の出方があるだろうか？

「表が連続で出る」「表裏の順で出る」または「裏表の順で出る」そして「裏が連続で出る」だから……全部で4通りですね！

その通りだ。
ここで、それぞれのパターンが起こる確率を求めてみよう。
表が出る確率をPとおいたんだから、表が連続で出る確率はP×Pだ。
次に、表裏の順番で出る確率は、表が出る確率がP、裏が出る確率が1−PなのでP×（1−P）。
逆に裏表の順に出る確率は（1−P）×Pである。

なるほど、じゃあ裏が連続で出る確率は（1−P）×（1−P）ですね。

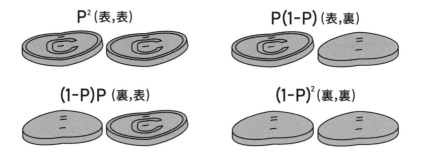

P^2 (表,表)　　　　　$P(1-P)$ (表,裏)

$(1-P)P$ (裏,表)　　　　　$(1-P)^2$ (裏,裏)

では、この4パターンのうち、起こる確率が同じ選択肢はどれとどれだろうか？

「表裏」の順で出る確率$P(1-P)$と「裏表」の順で出る確率$(1-P)P$ですね！

その通り、順番が逆になっているだけで、どちらもPと（1−P）をかけた値である。

よって2人のプレイヤーは、「**表裏**」か「**裏表**」のどちらかを選択すれば、公平な勝負ができることになる。

 じゃあ、表や裏が連続で出た場合はどうすればいいんですか？

 その場合は引き分けとし、次戦に持ち込めばいいだろう。

2回投げて、同じ面が連続して出たらやり直し、「表→裏」もしくは「裏→表」のどちらかが出たら言い当てた人の勝利となる。

引き分け　　　　引き分け　　　　Bの勝ち！

世の中のコインはすべて歪んでいる?!

 ある意味、この世のすべてのコインは歪んでいるといえる。
たとえ発行されたばかりのきれいな硬貨だとしても、表と裏で異なる刻
印が施されているため、硬貨の重心は微妙に中心からズレているだろう。

 確かに、公平にコイントスができるコインなんて存在しないのかもしれ
ないですね。

 コイントスは手軽に勝敗を決めることのできる便利なゲームだ。しかし、
一見正常に見えるコインでも実は歪んでいて、いつの間にか不公平な勝
負をしているかもしれない。
もしコイントスをする機会があったら、ぜひ今回紹介した方法を試して
みよう!

十進法を使っていなかったら？

数字を使って数を書き表すとき、
ほとんどの人は1、2、3と順番に記していき、
9の次は1と0を組み合わせて10と表現するだろう。
このように、10個集まるごとに繰り上げる数の表し方を十進法という。
人はなぜ十進法を使うのかというと、指の本数に因んでいるらしい。
指の本数は両手合わせて10本だから、
自然に10個で1つというとらえ方をするようになったそうだ。
もしミッキーマウスのように両手の指が合わせて8本しかなかったら、
今我々は八進法を使っているかもしれないし、
12本だったら十二進法を使っているかもしれない。
もし十進法以外を使っていたら、世界はどうなっていただろうか？

十進法はなぜ作られたのか?

 「1、2、3、10、20、100」のように我々は0〜9の数字を使って数を表し、9の次は「0」と「1」を使って「10」と表す。このような数字を使ったシステムがなぜ作られたのか考えたことはあるだろうか?

 う〜ん、そんなこと当たり前すぎて考えたことないですね……。

 では、世の中に0〜9の数字と繰り上がりのある表し方がなかったらどうなるのか考えてみよう。
机の上にコインが何枚かある。0〜9の数字を使わずに、この枚数を表すにはどうしたらいいだろうか?
この場合、1つ1つを記号で表すことになるだろう。例えば1枚は〇、2枚は□、3枚は△のように、数に応じて異なる記号を割り当てていくんだ。

 4枚は☆、5枚は♡のような感じですね。
この記号が数字ということになるんですね!

 漢数字やローマ数字、そして世界中で使われている1、2、3のような算用数字ができるずっとずっと前は、こんな風にものの個数を表すために、異なる記号を作っていたかもしれない。
ただし、この方法には大きな欠点があるんだ。

 欠点?

 コインの枚数が増えたとき、同じように数字を割り当てていくとどうなるだろうか? 10枚なら◇、20枚ならξ、50枚ならД のように、**コインの枚数が増えれば増えるほど、たくさんの数字を覚えなければならない。**

確かにこの方法では、コインが100枚あったら、100種類の数字を覚えなければならないということになりますね……。全部覚えるなんて絶対に無理だ！

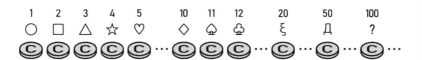

1	2	3	4	5	10	11	12	20	50	100
○	□	△	☆	♡	◇	♤	♧	ξ	Д	?

このような問題を避けるために、数字を並べて書いたとき、その位置によって大きさを表す決まり「位取りの原理（※1）」を用いる。

こうして、我々が普段使っている算用数字と「位取りの原理」を使えば、0～9のたった10種類の数字を覚えるだけですべての数を表現できるのである。

※1　位取りの原理：例えば「623」の場合、左の数字の位置から順に6が百の位、2が十の位、3が一の位を表す。漢数字で表すと「六百二十三」となるが、「位取りの原理」を用いれば、「百」「十」のような単位を表す文字は必要なくなる。

なるほど。だから9の次は新しい数字を作らなくても、すでにある1と0を組み合わせて10と表すことができるんですね。

そうだな。大きな数を簡単に表そうと工夫した結果、今のような数字のシステムができあがったのだ。

特に、10個集まったら繰り上げて10とする表し方を十進法という。

これにより、どんなに大きな数も表すことができるようになった。

例えば、2018年時点で見つかっている最大の素数は24,862,048桁に及ぶ（※2）。これも十進法を使えばとてつもない時間がかかるものの、やはり10個の数字だけで表すことができる。

※2：Great Internet Mersenne Prime Search. "GIMPS Discovers Largest Known Prime Number: $2^{82,589,933}$-1". GIMPS. https://www.mersenne.org/primes/?press=M82589933,（参照2021-10-1）

14889444574204132554784584723979166030262739927953241852712894252132361064475310309971132180337174752834401423587550

10はキリのいい数?

 そもそも、なんで十進法で数えるようになったんですか?

 有力な説の1つは、**手の指の本数が10本だったから。**
指は人間にとってものの数を数えることができるもっとも身近にある道具だから、自然に**10個で1つの塊**という感覚が身についたのだろう。

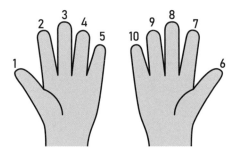

 今でも指を折って数えたりしますもんね。

 では、もし人間の指が12本だったらどうなっていたのだろうか?
指の本数が関係しているという理屈なら、私たちは今**十二進法**で数えていることになる。
もしくは指の本数は変わらなくても、チンパンジーのように足の指を器用に動かすことができたら**二十進法**が流行っていたかもしれない。

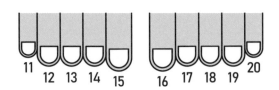

 でも、10はキリのいい数なんだから、どのみち十進法で数えていたんじゃないですか?

確かに我々にとって10や100、1000はキリのいい数のように思える。でもこれは10個で1つの塊というとらえ方に慣れているからそう感じるだけではないだろうか?

 別のとらえ方をしていたら、10ではなく他の数をキリがいいと感じるようになっていたってことですか?

 それでは、もし十進法ではなく別のとらえ方をしていたら、世界はどうなっていたのか見ていこう!

二進法とは?

 十進法が10個集まったら繰り上がるのに対して、二進法は2個集まるごとに繰り上がっていく。

 2個集まると繰り上がる? どういうことですか?

 まずは二進法のしくみを先に見てみよう。
二進法で数を表すとこのようになるんだ。

十進法	0	1	2	3	4	5	6	7	8
二進法	0	1	10	11	100	101	110	111	1000

 0と1しかないですよ!?

 そう、十進法が0〜9の10種類の数字を使ったシステムなのに対して、二進法は0と1の2種類の数字しか使わない。
だから1の次はさっそく繰り上がって10と表す。11の次はまた繰り上がり、たかだか4を表すのに100と書く。そして101、110、111と続き、8でまた繰り上がって1000だ。

みるみる繰り上がっていきますね……。

 十進法では10の1乗、10の2乗、10の3乗のときに繰り上がっていたのに対して、二進法では2の1乗、2の2乗、2の3乗のときに繰り上がる。
繰り上がるときの数をキリがいいと感じるのならば、2や4、8はキリがいい数ということになる。（※3）

※3：2、4、8は二進法表記で「10」、「100」、「1000」です。何進法を使っていてもキリのいい数はこの形になりますが、表している数は異なります。

(二進法だと人は数字が苦手になる!?)

 もし人間が二進法を使っていたら、数字がとても苦手になっていただろう。

 どうして苦手になるんですか？

 二進法はどんどん繰り上がってしまうので、例えば西暦2022年は11111100110年、富士山の高さ3776mは111011000000mとなってしまうんだ。

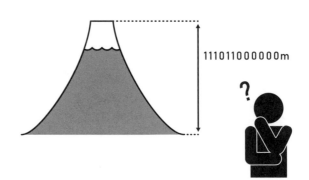

111011000000m

 確かにこれじゃあ、すぐに繰り上がっていくので、桁数が多すぎて扱いづらそうですね。

さらに、1桁同士の掛け算である「九九」は1×1＝1しかないので、「一一が一」のみとなる。

 覚えるのは簡単だけれど、あまり役に立たなそうです……。

 3は調和を意味する数字として縁起がよいとされ、ことわざなどによく見られる。

しかし、二進法で3は11と表すので、「早起きは三文の徳」は「早起きは一一文の徳」、「三拍子揃う」は「一一拍子揃う」となり、歯切れの悪い言葉になってしまう。

 一一拍子揃うと言われても、何か物足りないような感じがしますね……。二進法が使われていたら、このようなことわざは生まれていなかったかもしれないですね。

 人間にとっては扱いにくい二進法だけれど、普段みんなが使っているパソコンやスマートフォンの内部では欠かせないものなんだ。

コンピュータの内部では、電気が流れる（1）電気が流れない（0）の2つを組み合わせて様々な処理を高速で行っているので、二進法が適しているんだ。

USBメモリやSDカードの容量はいずれも、4GB（2の2乗）、8GB（2の3乗）、16GB（2の4乗）、32GB（2の5乗）、64GB（2の6乗）、128GB（2の7乗）になっていて、10GBや100GBなどのキリのいい数字は見かけない。

 なるほど、パソコン関連の製品はなんで中途半端な数になっているんだろうと不思議に思っていたけれど、二進法が使われているからなんですね！

三進法は奇妙な表し方!?

次は三進法を見ていこう。
三進法で数を表すとこのようになる。

十進法	0	1	2	3	4	5	6	7	8	9
三進法	0	1	2	10	11	12	20	21	22	100

三進法は3種類の数字を使うシステムだから、0と1だけでなく2を使うようになったんですね！

そう、0、1、2までは同じだけれど、3はないので繰り上がって10と表記する。
そして11、12、20、21、22と進み、繰り上がって100となる。
二進法と同じように三進法もすぐに繰り上がってしまうから、人間が扱う数としてはあまり向いていないだろう。

でも二進法よりも繰り上がるスピードが遅いから、幾分マシかもしれないですね。

いや、三進法は2で割り切れないという致命的な欠点があるんだ。

いったいどういうことですか？

十進法と同じように、10や100、1000という数は三進法にとってもキリのいい重要な数である。しかし三進法の10を2で割ろうとすると

$$10 \div 2 = 1.1111....$$

このように無限に繰り返される小数になってしまうんだ。

え!? どうしてそうなるんですか?

 ひっ算をしてみると、割り切れないことが実感できるぞ。

$$
\begin{array}{r}
1.11 \\
2\,)\overline{10} \\
2 \\
\hline
10 \\
2 \\
\hline
10 \\
2 \\
\hline
1
\end{array}
$$

ポイントは、三進法の10は十進法の3を表しているということ。3の中に2は1つしかないので、割り切れずに1が続いていくんだ。

 なるほど。ということは、10円玉や1000円札を作っても、半分にできないってことですか!? すごく不便ですね……。

1.1111…円ずつ

代わりに、十進法では10を3で割ると無限に繰り返される小数になってしまうが、三進法の10を三等分すると1になり、小数にならない。

 なるほど、十進法は三等分することが苦手で、三進法は半分にすることが苦手なんですね。

 また三進法では、その数が偶数か奇数かがわかりにくいという特徴がある。十進法のような偶数進法では、一の位の数が偶数ならばその数は偶数ということになる。一方、三進法の表を見ればわかるように、11は偶数だけれど21は奇数、12は奇数だけれど22は偶数となる。一の位の数が偶数だからその数は偶数とは必ずしも言い切れない。

十進法	0	1	2	3	4	5	6	7	8	9
三進法	0	1	2	10	11	12	20	21	22	100

 半分にできるかどうかがすぐに判断できないんですね。ややこしい……。

 ただし、各位の数を足した数で判断できるんだ。
例えば三進法の121は1＋2＋1＝4だから偶数、201は2＋0＋1＝3だから奇数のように。
これは他の奇数進法でも使えるテクニックだ（詳しくはP.122参照）。

ところで、もし人間が三進法を使っていたら、数を0、1、2ではなく、正の「△」と負の「▼」、そして0の3つの状態を表す記号で表記していたかもしれない。
実際に、このような表記をする「平衡三進法」という表し方もあるんだ。平衡三進法だと、このように数を表していく。

十進法	-5	-4	-3	-2	-1	0	1	2	3	4	5
平衡三進法	▼△△	▼▼	▼0	▼△	▼	0	△	△▼	△0	△△	△▼▼

なんだか暗号みたいです……！

そうだな。とても奇妙な表し方だが、負の数を表すときにわざわざ特別な記号「一」をつける必要がないというメリットはある。

負の数がもっと身近になるかもしれませんね！

世界の様々な単位と数え方

ここまでは数の書き表し方（記数法）について考えてきたが、ここからは単位のしくみや数の言い表し方（命数法）についても考えてみよう。
世界の様々な単位や数え方を見てみると、意外と十進法でないものが使われていることがある。

え!?　そうなんですか？

日本やヨーロッパではメートル法（十進法）が広く普及しているが、アメリカではまだまだヤード・ポンド法（※4）が幅を利かせている。

※4　ヤード・ポンド法：ヤードは長さの単位で、ポンドは重さの単位。主にアメリカで使用されています。

十進法を使っていなかったら？

P11

1フィート＝12インチ（十二進法）であり、1ポンド＝16オンス（十六進法）となる。

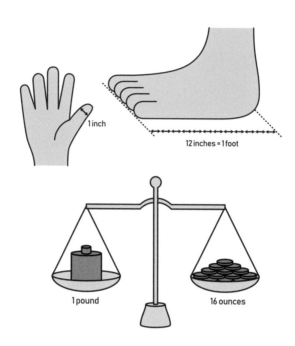

1inch

12 inches = 1 foot

1 pound

16 ounces

 メートルもグラムも10進法ですもんね。アメリカに旅行に行ったら混乱しそう……。

 フランスの数え方はものすごく難解だ。
フランス語では10（dix）、20（vingt）、30（trente）、40（quarante）、50（cinquante）、60（soixante）だけれど、70は60＋10（soixante-dix）、80は4×20（quatre-vingts）、90は4×20＋10（quatre-vingt-dix）と数えるんだ。

 なんでこんなややこしい数え方するんだろう？

 フランスも記数法は十進法になっているけど、命数法には他の進法も混ざっているんだ。70は六十進法の数え方だし、80や90は二十進法の数え方になっている。

こうして考えてみると、日本の数え方はほとんど十進法で統一されていますね。

 でも、江戸時代の通貨の単位は完全な十進法ではなかったんだぞ。
金貨は1両＝4分であり、1分＝4朱のように、四進法が使われていた。

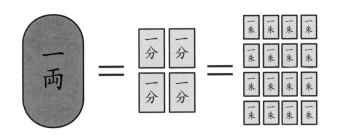

 なぜ四進法だったのでしょうか？

 その理由ははっきりしていないが、金貨の他に銀貨、銭貨もあり、それぞれの制度がバラバラで非常に複雑だった。
明治になり貨幣制度が変更され、十進法に統一されたのだ。

（ 十進法を変えるとしたら何進法? ）

 このように、十進法は必ずしも使わなくてはいけないものではなく、単に我々が慣れ親しんだシステムに過ぎなかった。そして世界には、十進法以外にも様々な表し方があることもわかった。

 すると人間にとってもっとも相応しいのは何進法なのか気になりますね。

 確かに必ずしも十進法でなくてもいいのなら、他の記数法に変更してもよさそうだ。
そこで次の章では、十進法よりも数学的に理にかなっていると言われる十二進法の世界をのぞいてみよう！

奇数進法で偶数か奇数かを判別する方法

私たちが普段使っている記数法は十進法であり、何の断りもなく数字3つを使ってabcと書けば

$$a \times 10^2 + b \times 10 + c$$

という意味です。

同じように、任意の記数法「N進法」で書かれたある数abcは

$$a \times N^2 + b \times N + c$$

と定義されます。

特に奇数進法の場合はN＝2m＋1（m＝0, 1, 2....）と表すことができるので、

$$a \times (2m+1)^2 + b \times (2m+1) + c$$

と書き換えることができます。

この式を展開して次のように変形すると……

$$
\begin{aligned}
& a \times (2m+1)^2 + b \times (2m+1) + c \\
=\ & a(4m^2 + 4m + 1) + b(2m+1) + c \\
=\ & 4am^2 + 4am + a + 2bm + b + c \\
=\ & \underline{2(2am^2 + 2am + bm)} + (a+b+c) \\
& \qquad\quad \text{偶数}
\end{aligned}
$$

このように「偶数」＋「a＋b＋c」の形になります。

よって、各位の数を足した数「a＋b＋c」が偶数ならabcは偶数、奇数ならabcは奇数と判別することが可能です。

十二進法の世界とは？

「キリのいい数は？」と聞かれたら、何を思い浮かべるだろうか？

十進法を日常的に使う我々にとって、10や100、1000はキリのいい数だ。

また、画線法（P.129参照）で「正」の字が使われるように、

その半分の5もまた特別な数である。

しかし、もし十二進法が一般的に使われていたら、

12や、その半分の6をキリのいい数と感じるようになるはずだ。

例えば、時計を思い浮かべると想像しやすいだろう。

アナログ時計は1周すると12時間であり、その半分は6時間。

一方、5時や10時は中途半端な時刻のように思える。

では、十二進法のメリット、デメリットはどのようなものだろうか？

今回は十二進法の世界をのぞいてみよう。

十二進法は割り算が得意

 十進法に代わる数の表し方として十二進法はどうだろうか？
今回はそのメリットについて考えてみよう。

 十二進法ということは、**12個集まるごとに繰り上がる数の表し方**ってことですよね？

 その通り。
実は我々も十進法以外に、日常的に十二進法を使っているんだ。

 え!?　そうなんですか？

 例えば1年は12か月、1オクターブの音の数は12音、1ダースは12個。

 確かに12個で1つのものって身の回りにたくさんあるかも？

 他にも時間は60秒で1分、60分で1時間、24時間で1日と表したり、円の1周は360°などでも使われている。

あれ？　24や60、360は12じゃないですよ？

 確かにこれらは二十四進法や六十進法、三百六十進法である。
しかし24は12×2、60は12×5、360は12×30であり、どれも12の倍数に
なっている。だから十二進法のメリットを生かしたまま必要に応じて細
かくしたと考えることができる。

 なるほど、確かにどれも12の倍数ですね。

 日本人にとってはあまりなじみがないかもしれないが、英語圏では12個
で1つという感覚がより浸透していて、数の数え方にも十二進法の特徴
が表れている。
oneからtwelveまでは固有の表記だが、13以降はthirteen、fourteen、fifteen
のように語尾に「teen」をつけて数える。これは明らかに十進法の考え
方ではない。

 でも、なんでわざわざ十二進法で表すんですか？
十進法の方が覚えやすいような気がしますけど……。

 十二進法で表記することの最大のメリットは、**約数が多い**ことだ。
例えば10個入りのチョコレートを1箱買って3人で分けようとするとどう
なる？

1つ余るから取り合いになっちゃいますね……。

 しかし12個入りだったら3人でも4人でも、6人でもきれいに等分することができる。
1ダースが12個だからこそ、仲良く分けることができるんだ。

 なるほど、十二進法は争いが起きにくい表し方なんですね！

 10の約数は1と自身の数を除くと2と5だけ。一方、12は2、3、4、6を約数に持っている。
約数をたくさん持っているということは、割っても小数になりにくいということ。だから時間や角度など、割って計算する機会の多い単位は十二進法になっているという説がある。

 十二進法を当たり前のように使っていたら、10や100（10²）の代わりに12や144（12²）、または12の半分の6をキリがいい数と考えていたのでしょうか……不思議だなぁ。

 時計を思い浮かべてみてはどうだろうか？
アナログ時計は一周すると12時間であり、その半分は6時間。一方、5時や10時は針が中途半端な位置を示すことから、あまりキリのいい時刻とは感じないだろう。

算用数字は十二進「数」ではない?

 十二進法は意外と身の回りで使われていることがわかったが、これらの
ほとんどは十進数を使って無理やり書かれているんだ。

 無理やり書かれている?　いったいどういうことですか?

 世界中でもっとも広く使われている算用数字は、0〜9の10種類しかない。
このように十進法に基づいて作られた数字のことを**十進数**という。
しかし、12が基本の数だとしたら、普通は数字を何種類作るだろうか?

 あ!　12種類作ろうとしますよね?

 そう、12個で1つという感覚の持ち主が数字を作るとしたら、十進法の
10と11に対応する1桁の数字も作るはずなんだ。
仮に10をA、11をBとすると、十二進数はこのようになる。

十進法	0	1	2	3	4	5	6	7	8	9	10	11	12
十二進法	0	1	2	3	4	5	6	7	8	9	A	B	10

 なるほど、9以降もA、Bという1桁の数が続いて、Bの次は繰り上がって
10と表記するんですね。

 こうすることで、十二進法で書かれたあらゆるものの表記がより本質的
になる。
例えばアナログ時計。十進数では10時と11時が不自然に2桁になってし
まっていたが、十二進数で表記すれば9時以降もA時、B時と1桁の時刻
が続き、10時で繰り上がるようになる。

 円周率は十二進法で表すと十進法とは違って3.184809493B918....だから、小学生は円の面積を計算するときに3.14ではなく3.18を近似値として使うだろう。

電話機やスマートフォンの番号はきれいに3×4で配置することができるから、#や*で空いた隙間を埋めなくて済む。

 約数の少ない十進法で四角形になるように数字を並べようとしても、2×5しかないですもんね。

 一方、掛け算は「九九」ではなく「BB」となり、121通りも覚えなければならない。十二進法のデメリットを挙げるとすれば、ちょっとだけ覚えるのが面倒になることだろう。

	1	2	3	4	5	6	7	8	9	A	B
1	1	2	3	4	5	6	7	8	9	A	B
2	2	4	6	8	A	10	12	14	16	18	1A
3	3	6	9	10	13	16	19	20	23	26	29
4	4	8	10	14	18	20	24	28	30	34	38
5	5	A	13	18	21	26	2B	34	39	42	47
6	6	10	16	20	26	30	36	40	46	50	56
7	7	12	19	24	2B	36	41	48	53	5A	65
8	8	14	20	28	34	40	48	54	60	68	74
9	9	16	23	30	39	46	53	60	69	76	83
A	A	18	26	34	42	50	5A	68	76	84	92
B	B	1A	29	38	47	56	65	74	83	92	A1

掛け算でつまずく小学生が増えそうですね……。

 十進法ではちょうど半分の5がキリのいい数とされ、画線法（※1）は正の字が使われるが、十二進法では半分の6がキリのいい数ということになるから、例えば□の中に×を描いて数えるようになるかもしれない。

※1　画線法：線を引いて数を数える方法。日本や中国では「正」の文字、欧米では「縦4本の線に斜め1本の線」などが一般的。

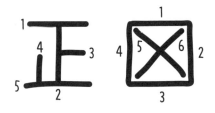

（ 結局10進法を使うことになる!? ）

 我々にとって10という表現は特別であり、キリがいいように感じてきたが、これは普段から十進法を使っているからそう感じるだけであった。ただし、何進法を使っていたにせよ「私たちは10進法を使っています」（※2）と答えることになると考えられる。

※2：算用数字で「10」と表記する場合、何進法で書かれているかによって表す数が異なります。

 え？　どうしてそうなるんですか？

それはN種類の数を過不足なく使って表現される数え方が10進法になるからだ。

???

例えば、二進法は2で位が上がるが、その数字を二進数では10と表記する。十二進法の場合も同じだ。12は十二進数で10と表記する。

何進法だとしても、結局は繰り上がって10になるので、10進法ということになるのだ。

二進法	0	1	10	11	100	101	110	111	1000	1001	1010	1011	1100
三進法	0	1	2	10	11	12	20	21	22	100	101	102	110
十進法	0	1	2	3	4	5	6	7	8	9	10	11	12
十二進法	0	1	2	3	4	5	6	7	8	9	A	B	10

う～ん……頭が爆発しそう……。

要するに、同じ10という表記でも表している数は違うってことですね。

我々は基本的に十進法を使っているけれど、時間や角度など割る機会の多いものに関しては十進法では不便だから十二進法の力を借りている。

ただし、逆に普段から十二進法を使っていたら、この世の中に十進法で表されたものは存在しなかったかもしれない。

なぜなら、Aはキリのいい10よりも2つ少ない中途半端な数であり、2と5でしか割ることのできない不便な数なのだから。

Q

無限ホテルのパラドックス

13

数学における無限とは「限りがない」「終わりがない」ことを指す。
だが、本当の意味で無限と呼べるようなものは身の回りにないだろう。
満天の星空を眺めたとき、あたかも無限の星があるかのように
見えたとしても、実際には肉眼で観測することのできる星の数は
多くて5,000個ほどと言われている。
地球上の砂粒の数をすべて数えることはほとんど不可能だが、
地球の大きさが有限である以上、砂粒の数もまた有限なのである。
身の回りにあるものが有限であるからこそ、
数学における「無限」という概念は、直感が通用しない
不思議な世界を生み出すことがある。
今回は、無限の奇妙な世界をのぞいてみよう。

無限ホテルってどんなホテル?

 あるところに、無限ホテルという奇妙なホテルがある。
そこには、**無限の客室があり、無限人のお客さんが泊まっている**という。

 無限の客室に無限のお客さんが泊まっている?!
いったいどういうことですか?

 このホテルの各部屋にはそれぞれ部屋番号に
自然数が割り振られているんだ。
順に1号室、2号室、3号室....のように。
自然数に終わりがないように、客室は無限に存在するんだ。

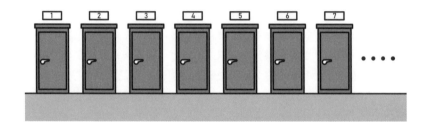

なるほど、そのすべての部屋にお客さんが泊まっているということですか？

 そう、「○○号室に誰か泊まっていますか？」と聞かれたら、「はい」と答えることができるという状態だ。

 じゃあこのホテルは満室ってことになりますね。

満室なのに さらに泊めることができる?!

 さて、もしこのホテルに新しいお客さんがやってきたら、泊めることはできるだろうか？

 え？ 満室なんだから、泊めることなんて不可能ですよ！

無限ホテルのパラドックス

普通に考えればそうだよな。
誰かを泊めることができるということは、空室が少なくとも1つはある
ということ。しかし、すべての部屋にお客さんが泊まっているんだから、
空室を見つけることなんて不可能だ。
ただし、この無限ホテルはある操作をすることで、追加で泊めることが
できるんだ。

 いったいどんな方法なんですか？

 ホテルに泊まっているお客さんに対して、次のようにアナウンスするんだ。

「お客様が宿泊されている部屋番号より、1つ大きな番号の部屋へご移
動をお願いします」

つまり1号室のお客さんは2号室へ、2号室のお客さんは3号室へ、n号室
のお客さんはn＋1号室へ移動するんだ。

 するとどうなるんですか？

 すべてのお客さんが隣の部屋へ移動することで、1号室を空室にするこ
とができるだろ？
新しくきたお客さんは、その部屋に泊まることができる。

 いやいや、ちょっと待ってくださいよ！
すべてのお客さんが1つずつ移動したら、最後のお客さんが追い出され
ることになりますよ？

 無限ホテルを理解するには「最後の部屋」「最後のお客さん」という考え方を改めなければならない。無限に終わりがないように、自然数に終わりがないように、最後の部屋や最後のお客さんなど存在しないのだ。

 普通のホテルとは根本的に違うってことですか?

 そう、普通のホテルなら、「満室」と「これ以上泊めることはできない」はイコールで結ばれる。
例えば300室もある大きなホテルだとしても、すべてのお客さんが同じように1つ隣の部屋へ移動したら、300号室に泊まっていたお客さんの泊まる部屋はない。ただし、ここは無限ホテル。無限の世界では我々の常識は通用しないのだ。

(集合の濃度とは?)

 ここからは、集合と個数について考えてみよう。

 集合って何ですか?

 集合とは読んで字のごとく「もの」の集まりのことだ。
例えば「自然数」だったり、「人」だったり、「果物」だったり。
そして、その集合の中にある1つ1つの「もの」のことを要素(元)というんだ。

無限ホテルのパラドックス

例えば果物を {みかん,ぶどう,りんご} という1つの集合にまとめ、これを集合Aと呼ぶことにする。さらに、人を {一郎,二郎,三郎} という集合にまとめ、これを集合Bとする。
さて、集合Aと集合Bを比べることはできるだろうか？

$$A = \{ \; 🍊 \; , \; 🍇 \; , \; 🍎 \; \}$$

$$B = \{ \; 👤 \; , \; 👤 \; , \; 👤 \; \}$$

 え？ 果物と人をどうやって比べればいいんですか？

 ポイントは要素の個数に注目することだ。

 なるほど、それならどちらも数えたら3個になるから同じですね！

 その通りだ。
このように集合に含まれる要素の数を数えることによって、AとBの個数が同じであることがわかったが、次のような方法で確かめることもできる。

$$A = \{ \; 🍊 \; , \; 🍇 \; , \; 🍎 \; \}$$

$$B = \{ \; 👤 \; , \; 👤 \; , \; 👤 \; \}$$

このように1つ1つ線で結ぶことで、1対1に対応させることができるから、2つの集合の個数は同じであると説明することもできる。

 この方がわかりやすいですね！

 ここまでは集合の個数が有限個だったので簡単に比較することができたが、無限にあるものに対してなら、どのように考えればいいだろうか？

$$\{1, 2, 3, 4, 5, 6, 7, \cdots\}$$

無限にあるものに対しても同じように考えたいとして、<u>個数を拡張したものが「濃度」</u>だ。
もちろん数え切ることは不可能なので、「この集合の濃度は○○だ」と具体的な数値は言えないが、「集合Aと集合Bの濃度は同じ」「集合Aより集合Bの方が濃度が大きい」「集合Aより集合Bの方が濃度が小さい」のように比べることならできそうだ。

 う～ん、いまいちイメージできないです……。

 それでは、無限ホテルの話に当てはめて集合の濃度を考えてみよう。
問題になっていたのは、新しいお客さんが加わっても全員をホテルに泊めることができるのか？　ということ。つまり「新規客＋宿泊客」の集合Cと「ホテルにある部屋」の集合Dの濃度が同じであることを示せばいい。

 数え切ることができないのに、濃度が同じであることを示すことなんてできるんですか？

 さっきやったように、お客さんと部屋を対応させていけばいいんだ。
新規客と1号室、宿泊客1と2号室、宿泊客2と3号室、宿泊客3と4号室....。
このように線で結んでいったとき、どこかでペアを作ることができないという状況が起こるだろうか？

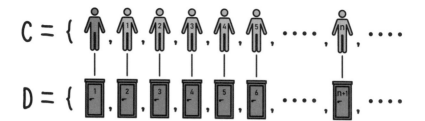

 う〜ん、どんなお客さんにも、対応する部屋が必ず存在するから、どこかでペアを作れないという状況は起こらないですよね？

 その通り。
よって1対1に対応していることから、2つの集合CとDは同じ濃度であり、すべてのお客さんの移動先の部屋は存在することが確認できた。

無限人の新規客が来たらどうなる？

 今度は1人ではなく、新たに無限人の新規客が訪ねてきた場合を考えてみよう。支配人は、どうにか工夫して新規客を全員泊めることができるだろうか？

 さっきと同じように、今度は無限室先の部屋に移動してもらえばいいんじゃないんですか？

実はその方法ではダメなんだ。

有限人の新規客が訪れた場合は、その人数分先の部屋へ案内することができた。

しかし無限人の新規客が来たからといってお客さんに、「∞室先の部屋にご移動お願いします」と言っても、果たしてどの部屋に移動すればいいのかわからないだろ？

 あれ？　言われてみればそうですね……。

 支配人はこの問題に対して、次のようにアナウンスした。

「お客様が宿泊されている部屋番号を2倍した番号の部屋へご移動をお願いします」

つまり1号室のお客さんは2号室へ、2号室のお客さんは4号室へ、3号室のお客さんは6号室へ、n号室のお客さんは2n号室へ....このように2倍していくと、お客さんは全員偶数番号の部屋に移動することになる。

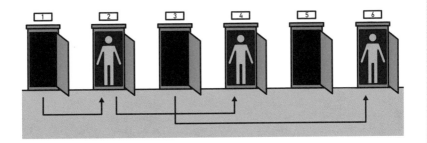

すると丸々奇数番号の部屋が空室になるので、無限人の新規客を無事に泊めることができる。

 えー?!

ホテルに元々宿泊していたお客さん全員を偶数番目の部屋に入れるってことですよね？　さすがに入りきらないんじゃないですか？

確かに自然数の番号の部屋に泊まっていたお客さん全員が偶数番目の部屋に移動できるなんて言われてもとても信じられないよな。そこでさきほどと同じように、「宿泊客」の集合Eと「偶数番目の部屋」の集合Fの濃度が同じかどうか調べてみよう。
宿泊客1と2号室、宿泊客2と4号室、宿泊客3と6号室....と対応させていく。

宿泊客nと2n号室を線でつなぐんですね。

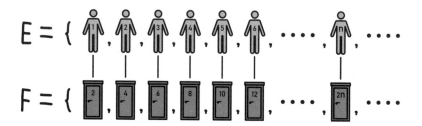

その通りだ。このように対応させていったとしてもどこかで終わることはない。なぜならどんな自然数も、その数を2倍した偶数が必ず存在するからだ。
つまり、集合Eと集合Fの濃度は同じである。
よって、ホテルに元々泊まっていたお客さん全員を偶数番目の部屋に入れることは可能である。

（ 無限人の集団が無限組きたら どうなる? ）

最後に、無限人の乗客が乗ったバスが、無限台きた場合を考えてみよう。バスは1号車、2号車、3号車....と無限に連なっており、それぞれのバスの中に無限人の乗客が乗っている。無限に長いバスの列が無限ホテルにやってきたのだ。

いや……さすがに今回は無理じゃないですか?

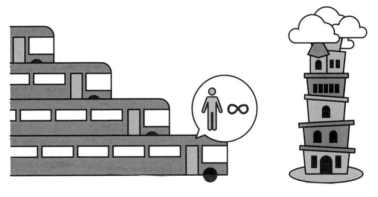

どうだろうか？

ホテルの支配人はこの問題に対して次のように解決した。

まずホテルの無限人の宿泊客をいったん外に出し、横一列に並ばせる。

その下に、1号車の無限人の乗客を横一列に並ばせる。さらにその下に、

2号車の無限人の乗客を横一列に並ばせる。

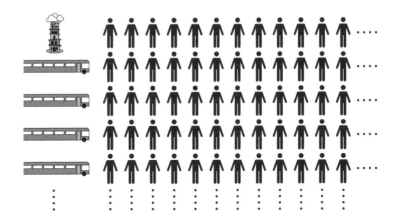

同じように並ばせていくと、宿泊客と乗客が碁盤の目のように整列する

ことになる。

もちろん縦横に無限に並んでいるので、この図は全体のほんの一部を表

しているに過ぎない。

それで、どのように無限ホテルに入っていけばいいのでしょうか？

まず、左上のお客さんに1と書かれた整理券を渡すんだ。そこから1つ右にいるお客さんに2の整理券を渡す。今度は1つ下がって3の整理券を渡す。

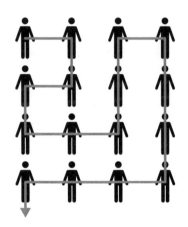

このように整理券を矢印の順番で渡していけば、すべてのお客さんに自然数を割り振ることができる。
整理券をもらったお客さんは書かれた番号の部屋へ移動すればよい。

 本当にこれですべてのお客さんを泊めることができるんですか？

 実はこの整理券を配るという行為は、集合の濃度の話で出てきた1対1に対応させることと同じなんだ。
縦横に無限に並んだお客さんの集合に対して、自然数を規則的に対応させていく。
「縦横に無限に並んだお客さんの集合」と「すべての自然数の集合」は同じ濃度といえる。

 なるほど、自然数は限りなく存在するから、どこかで整理券が足りずに配ることができないという事態は起こらないんですね。

 そう、もし整理券が尽きて配ることができなくなるというのなら、それは有限の客室しか持たない普通のホテルだ。

無限に人が宿泊できるということは、毎日の売り上げも無限大ってことになりますよね？

 まあ、そういうことになるな……。

 うらやましいなあ。

 だが、無限の部屋の清掃や無限の宿泊客の食事の用意など、あらゆる労働も無限になるんだぞ。

 ひぇぇぇ！　無限ってやっぱり恐ろしい！

$$人間は無限に$$
$$思いをはせることができる生き物$$

 本当に無限と呼べるようなものは、少なくとも身の回りには存在しない。無限ホテルも空想上のお話であり、現実的にはどんなに巨大なホテルでも満室なら追い返されてしまう。

 でも、このお話を通して無限について興味が湧いてきました！

 それは素晴らしいことだ。
地平線までのびる果てしない道を歩いているとき、終わりの見えない絶望的な感覚に陥るだろう。しかし現実的には終わりのない道などは存在せず、いつかは目的地にたどり着く。
直感が通用しない無限という概念はデタラメのように感じるかもしれないが、無限の彼方に思いを馳せることができるのは人間だけなのである。

もし0が
この世に
なかったら

14

机の上にりんごが置いてあったら、1個、2個、3個……と数えるだろう。
では、もし机の上に何もなかったらどのように表現するだろうか？
「りんごが0個ある」なんて冷静に言っている人がいたら、
変わり者に違いない。
普通は「何もない」と言うだろう。
このように0は数字の1つとして知られているが、
意外と何気ない会話の中で使う機会は少ないように思う。
他の数字と違い、不思議な存在の「0」。
しかし、0がなければ
我々は今のような便利で快適な暮らしはできていないだろう。
今回は数としての0がどのようにして発見されたのかについて見ていこう！

0を見つけるのは至難のワザ?!

 ここにケーキの箱がある。開けてごらん。

 やったー！
ってあれ？　空っぽじゃないですか！

 私がさっき食べてしまったからな。

 なんでこんないじわるするんですか？

 ごめんごめん、これは実験の一環なんだ。

 実験？　どういうことですか？

 ヒヨコイは空のケーキの箱を見て、「ケーキが0個ある」とは言わずに、「空っぽ」と表現したけれど、どうしてだろうか？

 どうして？
そんな理屈っぽい言い方、誰もしませんよ。

 そうだな。他にも、信号で停まっている車を見て「あの車の速さは0km」だとか、すっからかんの財布をのぞいて「お金が0円ある」のような言い方は普通しない。

このように、0は我々にとって1〜9と同じくらい身近な数字だけれど、何気ない会話の中で0を使う機会は少ないように思う。

 普通は「ない」って言いますからね。

 遥か昔の人間にとって、自然数が数のすべてだった。
なぜならりんごが1、2、3のように、**自然数は目に見えるものを数えるための数**だからだ。

だから、ものが1つもないときは数える必要はなかった。
0を1つの数として受け入れるには「何もない」から「0個ある」と、あたかも存在するかのように言い換える必要がある。
それが、どれだけ大きな発想の転換だったかわかるだろうか？

0個ある

 確かに0って不思議な存在かも……？

もし0がこの世になかったら

0のありがたさとは?

 もし0がなかったら、世界はどうなってしまうのでしょうか?

 実は0が使われていないことで不便なものって、身の回りにたくさんあるんだ。

 え? そうなんですか?

 例えば建物の階数。
アパートの地下2階から地上3階までは、何階分上がればいいだろうか?

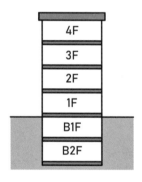

 う～んと、地下2階から地下1階、そして地上1階、2階、3階と上がっていくんだから……4階分ですね!

 正解だ。でも、計算して求めようとするとどうなるだろうか?
地下2階を「−2階」とするとその差分は

3階−(−2階)=5階

地下2階から地上3階までで、5階分上がる計算になってしまった。

あれ？　1階分多いですね……。
これってどういうことですか？

 これはアパートに0階がないことが原因だ。
基準となる地上の階を0階ではなく1階と定めてしまったことで、計算しようとしてもうまくいかないんだ。
ちなみにイギリスでは1階をグランドフロア（GF）、2階をファーストフロア（1F）としているため、同じように計算してもちゃんと4階分になる。

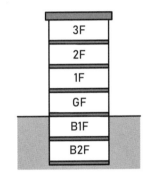

 なるほど、グランドフロアが0の代わりになっているのですね。

 このように、0は「何もない」という以外にも正の数と負の数の境界という意味も持っている。
例えば気温0℃は気温がないわけではないし、海抜0mは陸や海が存在しないわけでもない。
0は「何もない」という状態を表すだけでなく、「基準」になることもあるのだ。

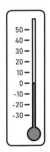

もし0がこの世になかったら

人類が発明した2つの0とは?

 人類はこれまでに、2つの0を発明しているんだ。

 2つの0!?　どういうことですか?

 例えば2023という数をお金で表すとしたら、千円札が2枚に十円玉が2枚、一円玉が3枚必要だけれど、この枚数を順番に書いて表すとしたら、223じゃおかしいだろ?

 2023円と223円じゃ金額が全然違いますよ!

 なので、「百円玉は1枚もない」ことを表すための記号が必要だった。これが、古代バビロニア人が発明した、**空位としての0**である。バビロニアでは魚の骨のような形の数字が使われ、その位に何もないことを表すために2本の矢印のような記号が使われた。

$$2 \nearrow 23 \quad 0 \neq \nearrow$$

 この記号は僕たちが普段使っている0とは違うんですか?

 うん、空位としての0の段階では、その位に何もないことを表す記号としての役割でしかなく、まだ数として計算に利用されることはなかったんだ。

0はなかなか一人前の数として認められなかったんですね。

 現代では数学を1つの独立した学問として勉強するけれど、古代の人たちにとっての数学はいわば道具のようなものだった。
バビロニア人は天文学のため、ギリシャ人は幾何学のため、どちらも存在するものに対して数学は発展してきた。
だからこそ、何もないを表す数字を作る必要がなかったのだろう。

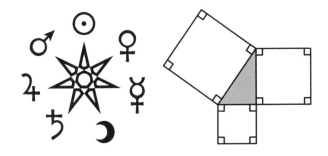

 必要ないからその大切さにも気づかなかったんですね。

 しかし7世紀頃のインドの数学者ブラーマグプタによってターニングポイントを迎えることになる。
ブラーマグプタは数学を物理や幾何学のような具体的なものから切り離し、抽象的な学問として扱った最初の人物である。彼の功績によって、1〜9の数字と同じように0は計算の対象として定義されるようになったんだ。

もし0がこの世になかったら

数学といえばヨーロッパが最先端なイメージですけれど、0の発祥はインドなんですね！

 こうして数学界に0という新たな扉が開かれた。
0という数ができたことで、0を中心にこれまで使ってきた正の数とは対称的な負の数が誕生していった。

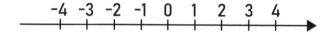

-4 -3 -2 -1 0 1 2 3 4

現代の暮らしは0が支えている?!

 数学はここからめざましい発展を遂げることになる。
フランスの哲学者デカルトは、平面空間のあらゆる位置を点で、数式を線で表す座標系を発明した。

 原点の座標(0,0)を表す0があるからこそ発明することができたのですね！

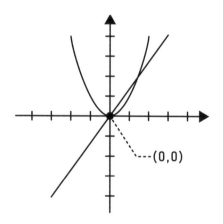

(0,0)

 ドイツのライプニッツは、0と1のみですべての数を表す二進法を発明したと言われている。これは現代のコンピュータの基礎になっている。

0がなかったら、スマホも作られていなかったんですね……。

 そう、コンピュータの内部では、電気が流れる（1）、電気が流れない（0）の2つを組み合わせて様々な処理を高速で行っている。だから、「ない」を表す0が発見されていなかったら、このような技術は生まれなかっただろう。

パソコンやスマホに限らず、あらゆる電気製品も作ることができない。物理や化学にも数学が応用されているので、高層ビルや化学薬品もなくなる。

今では蛇口をひねればどこでもきれいな水が飲めるけれど、コンピュータで制御されている水道もなくなり、井戸水を汲んで飲むことになるだろう。車や電車、飛行機のような乗り物もないので、物流が完全にストップし、安定した食品や日用品を手に入れることすらできない。

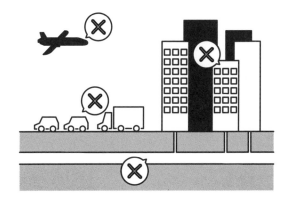

もし0がこの世になかったら

こんなにも?!
今の生活がガラリと変わってしまうんですね。

0が生まれていなければ、今も火をおこし、狩りをし、畑で野菜を育てるような、自給自足の暮らしを送っていたかもしれない。

0が現代の暮らしを支えているんですね!

0の底知れぬ恐ろしさ

0が発見されたことで、数の世界は大きく変わった。
しかし一方で、新たな問題も生まれた。

何が問題なんですか?

0の計算には「0を加えても変化しない」「0をかけると0になる」などという特徴がある。
では、「0で割る」とはどういうことなのだろうか?

言われてみれば、0の割り算って見たことないですね。

「何もない」で割ったら、その答えはいくつになるのか?
その後の人々は、0にまつわる様々な問題に直面することになった。
次の章では、0の割り算について考えてみよう!

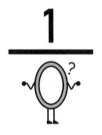

0で割ると世界が崩壊する？

15

12個入りのチョコレートを4人で分けたら1人当たり3個、
3人で分けたら1人当たり4個、2人で分けたら1人当たり6個。
このように割り算とは、
「1つ当たりの数」を求めるときに使われる。
では「12個入りのチョコレートを0人で分けたら
1人当たりいくつになる？」なんて聞かれたら
どう答えればいいのだろうか？
チョコレートを分ける人が誰もいないんだから、答えは0個だろうか？
それとも、チョコレートはそのまま残るから12個？
実は0による割り算は言葉で簡単に説明できるほど単純ではないのだ。
今回は、0で割ることの恐ろしさについて見ていこう。

0によって生まれた問題とは?

 前回の章では、0の発見は数学に大きな影響を与えたことがわかった。
それと同時に、様々な問題が生まれる原因にもなった。

 いったい何が問題なんですか?

 0は1、2、3などの自然数とは性質が大きく異なる。
その1つに「何かに0をかけると0になる」というものがある。
12個入りのチョコが0箱あったら、チョコは合計でいくつになるだろうか?

 $$12 \times 0 = 0$$

答えは0個ですね!

 その通りだ。まるですべてを無に帰するような0は、昔の人にとっては
奇妙な存在に見えたかもしれないが、今では小学生でも知っている性質だ。
では逆に、「何かを0で割る」とどうなるのだろうか?
12個入りのチョコを0人で分けたら、1人当たり何個になるだろうか?

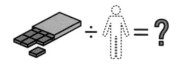

 0人で分けるということは、チョコを渡す人が誰もいないんだから……???
あれ? 何個になるんだろう?

では、少し話を変えてみよう。
0個入りのチョコを12人で分けたら、1人当たり何個になるだろうか?

 チョコは最初からないんだから、12人で分けても0個のままですよ。

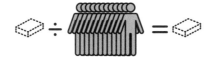

 正解だ。
つまり、0÷12は計算できるけれど、12÷0はいくつになるのかわからない。
これが0の発見によって生まれた問題の1つだ。

 なるほど、確かに不思議ですね。

 果たして12÷0はいくつになるのだろうか?
いろいろな方法で検証してみよう!

(割り算とは何か?)

 まずは割り算の性質から、0で割るとはどういうことなのか考えてみよう。
例えばこんな式。

$$12 \div 3$$

「÷」という記号を使わずに表してみるとどうなるだろうか?

 え? 「÷」を使わずに12÷3を表すことなんてできるんですか!?

 うん、実は割り算の式は、掛け算の式に変換することができる。
つまり、割り算とは「逆数をかけること」と言い換えることができるんだ。

また見慣れない言葉が出てきましたね……。

 逆数とは、「元の数にかけたら1になる数」のことだ。
3に$\frac{1}{3}$をかけたら1、$\frac{11}{5}$に$\frac{5}{11}$をかけたら1。
このように、分子と分母を入れ替えるだけで求めることができる。

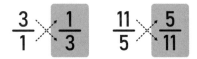

 なるほど、意外と簡単ですね！

 つまり$12 \div 3$とは、12に「3の逆数である1/3」をかけるという意味である。

$$12 \div 3 = 12 \times \frac{1}{3}$$

0の逆数は存在しない?!

 ここからが本題だ。
割り算の定義から考えると、$12 \div 0$はどのように言い換えることができるだろうか？

 $12 \div 0$は、12に「0の逆数」をかけるという意味ですね！

 その通り。しかし、「0の逆数」とはいったい何なのだろうか？
逆数の求め方をもう一度思い返してみよう。

 逆数とは「かけたら1になる数」のことでしたね。

そうだな。
すると0に何かをかけたら1になるような数を求めることになる。しかし

$$0 \times ? = 1$$

を満たすような「？」は、本当に存在するのだろうか？

 あれ？　0に何をかけても0になるんでしたよね？

 そう、だから0×？＝1を満たすような「？」など存在しないのだ。
つまり0の逆数は存在しない。
逆数がないということは、0で割ることはできないということ。
よって12÷0は、**計算不能**となる。

（ 0に近づけていくとどうなる？ ）

 今度は視点を変えて、0による割り算について考えてみよう。
ヒヨコイ、12÷1の答えはいくつだろうか？

 こんなの簡単ですよ。12÷1＝12ですね！

 そうだな。では、もう少し0に近い0.1で割ってみよう。
12÷0.1の答えはいくつだろうか？
逆数を使うと、計算が楽になるぞ。

 0.1の逆数は10だから……

$$12 \div 0.1 = 12 \times 10 = 120$$

ですね！

お見事、その通りだ！
ではもっと0に近づけて、12÷0.01を計算したらいくつになるだろうか？

 もう簡単ですよ。答えは1200ですね！
あれ？　そういえば答えがどんどん大きくなっていきますね。

 そうなんだ。
このように割る数を0に近づけていけばいくほど、答えはどんどん大きくなっていくんだ。

$$12 \div 1 = 12$$
$$12 \div 0.1 = 120$$
$$12 \div 0.01 = 1200$$
$$12 \div 0.001 = 12000$$
$$12 \div 0.0001 = 120000$$
$$\vdots$$
$$12 \div 0 = 1200000000\cdots$$

 ということは、12÷0の答えは果てしなく大きくなるのかなあ???

 本当にそうだろうか？
今度はマイナスの方向から0に近づけてみよう。
ヒヨコイ、12÷（−1）の答えはいくつだろうか？

 う～んと、−1の逆数は−1だから、

$$12 \div (-1) = 12 \times (-1) = -12$$

ですね。

 正解。では12÷(−0.1)は?

 −0.1の逆数は−10だから、答えは−120ですね。
あれ?　今度はどんどん答えが小さくなっていくぞ?

 その通り。マイナスの方向から0に近づけていくと、答えはどんどん小さくなっていくんだ。

$$12 \div (-1) \qquad = -12$$
$$12 \div (-0.1) \qquad = -120$$
$$12 \div (-0.01) \quad = -1200$$
$$12 \div (-0.001) \ = -12000$$
$$12 \div (-0.0001) = -120000$$
$$\vdots$$
$$12 \div 0 = -1200000000\cdots$$

これを果てしなく続けていったら答えは無限に小さくなっていくだろう。考え方によって無限に大きくなったり無限に小さくなったりするので、答えに適した値は存在しないことがわかる。

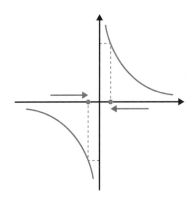

0の割り算で世界が崩壊する?!

 結局0で割るとどうなるんですか？

 実は数学では0で割ることは禁止されているんだ。

 え？　じゃあ12÷0の答えは「存在しない」ってことですか？

 そう、0の割り算についていろいろな方法で検証してみたがどれもうまくいかなかったように、0で割ることは定義できないんだ。

 う〜ん、なんだかスッキリしないなぁ……。
0で割ってもいいことにしてしまえばいいのに……。

 もし0で割ることを認めてしまったら、<u>**世界は崩壊してしまう**</u>んだ。

 え？　どういうことですか？

 割り算の定義をもう一度思い返してみよう。
0で割ることができるということは、0の逆数が存在するということだ。
ただし0の逆数がどんな数になるのかわからないので、仮にXとしておこう。
ところで逆数とはどんな数だっただろうか？

 逆数は「元の数にかけたら1になる数」でしたね！

 その通り。
つまり、0に0の逆数であるXをかけると1になる。

$$0 \times X = 1$$

次に、こんな式を考えてみよう。

$$0 = 0 + 0$$

普通、下記のように両辺に同じ数をかけても等式は成立する。

$$0 \times 2 = (0 + 0) \times 2$$
$$0 \times 2 = 0 \times 2 + 0 \times 2$$
$$0 = 0$$

しかし、両辺にXをかけるとどうなるだろうか?

$$0 \times X = (0 + 0) \times X$$

 う〜ん、0に0の逆数であるXをかけたら1。
つまり1＝1＋1だから……

$$0 = 0 + 0$$
$$0 \times X = (0 + 0) \times X$$
$$0 \times X = 0 \times X + 0 \times X$$
$$1 = 1 + 1$$
$$1 = 2$$

あれ?　1＝2 ???
1と2が等しいことになってしまいましたよ?!

 そうなんだ。
同じように0＝0＋0＋0という式を考えれば1＝3が証明できてしまう。
0の数を適当に変えれば、**すべての数は同じであることが証明できてしまう**んだ。

 大問題じゃないですか!

すべての数が同じということは、1円と100万円が同じ価値になり、紙幣が紙くず同然になってしまう。
もし0で割ることを認めてしまったら、その時点で世界の経済は崩壊してしまうんだ。

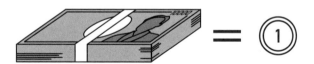

0で割ることが、こんなにも恐ろしいなんて……。

（ 0÷0だけは特殊?! ）

このように、0で割ろうとするとおかしなことが起きてしまうので、数学では0で割ることは定義できないことがわかった。

1÷0も、12÷0も、100÷0も、答えは存在しないということですね。

その通りだ。
では、0を0で割ったらどうなるのだろうか？

え？　0で割ることはできないんだから、0÷0も答えは存在しないんじゃないですか？

実は他の「0以外の数」÷0とは違い、0÷0だけは特殊なんだ。
次の章では、0の底知れぬ恐ろしさについてさらに深掘りしていこう！

Q

$0 \div 0$の答えは？

16

前回の章では0で割ることは禁止されているという話をしたが、

$0 \div 0$だけは特殊なタイプらしい。

では、どのように考えればいいのだろうか？

0を0で割るということは、

0個入りのチョコレートを0人で分けるようなものであり、

さらに混沌とした世界が広がっている。

0で割ることは禁止されているから、やはり定義できないのだろうか？

それとも元々ないものを0で割るんだから、その答えは0だろうか？

さらに、今回は0の0乗についても考えてみよう。

0を0回かけたら、果たしていくつになるのか……？

やはり0の入った計算は一筋縄ではいかないようだ。

0による割り算の2つのタイプ

 前回の章では、「0以外の数」÷0の答えは存在しないことがわかった。
しかし、0÷0だけは特殊なんだ。

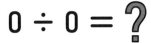

$$0 \div 0 = \text{?}$$

 0÷0は、答えが存在しないわけではないってことですか？

 その答えを探るために、ここでは割り算を掛け算に直して考えてみよう。
例えば6÷2を計算することは、？×2＝6の？を求めることと同じである。

$$6 \div 2 = \text{?}$$

$$\Updownarrow$$

$$\text{?} \times 2 = 6$$

 「？」に当てはまる数は3ですね！

 そう、よって6÷2の答えも3である。
このように、一般的にA÷Bの答えを求めることは、？×B＝Aを満たす
ような「？」を求めることと同じである。
では、0÷2ならどうなるだろうか？

 0÷2の答えを求めることは、？×2＝0の「？」の数を求めることと同じ
だから……。

●この本をどこでお知りになりましたか?(複数回答可)

1. 書店で実物を見て　　　　　　2. 知人にすすめられて
3. SNSで(Twitter:　　　　Instagram:　　　　その他　　　　)
4. テレビで観た(番組名:　　　　　　　　　　　　　　　　)
5. 新聞広告(　　　　　新聞)　6. その他(　　　　　　　　)

●購入された動機は何ですか?(複数回答可)

1. 著者にひかれた　　　　　　2. タイトルにひかれた
3. テーマに興味をもった　　　　4. 装丁・デザインにひかれた
5. その他(　　　　　　　　　　　　　　　　　　　　　　)

●この本で特に良かったページはありますか?

●最近気になる人や話題はありますか?

●この本についてのご意見・ご感想をお書きください。

以上となります。ご協力ありがとうございました。

郵便はがき

150-8482

東京都渋谷区恵比寿4-4-9
えびす大黒ビル
ワニブックス書籍編集部

お手数ですが
切手を
お貼りください

— **お買い求めいただいた本のタイトル** —

本書をお買い上げいただきまして、誠にありがとうございます。
本アンケートにお答えいただけたら幸いです。
ご返信いただいた方の中から、
抽選で毎月5名様に図書カード（500円分）をプレゼントします。

ご住所　〒

TEL（　　-　　-　　）

（ふりがな）
お名前

年齢
歳

ご職業

性別
男・女・無回答

いただいたご感想を、新聞広告などに匿名で
使用してもよろしいですか？　（はい・いいえ）

※ご記入いただいた「個人情報」は、許可なく他の目的で使用することはありません。
※いただいたご感想は、一部内容を改変させていただく可能性があります。

$$0 \div 2 = ?$$

$$\updownarrow$$

$$? \times 2 = 0$$

 答えは0ですね！

 その通り。
じゃあ、2÷0はどうだろうか？　同じように考えると、？×0＝2を満たすような「？」を考えることになるが……。

$$2 \div 0 = ?$$

$$\updownarrow$$

$$? \times 0 = 2$$

 0に何をかけても0なので、「？」を満たすような数は存在しないんでしたね！

 正解だ。よって前回の章では、0で割ろうとするとおかしなことになるので、数学では「0以外の数」÷0は考えないことになっているんだった。

$$\Big(\quad 0 \div 0 の答えは何? \quad\Big)$$

 0を含んだ割り算は次のどちらかになることがわかった。

① 0÷「0以外の数」なら答えは「0」
②「0以外の数」÷0なら答えは「存在しない」

では、0÷0はどのように考えればいいだろうか？

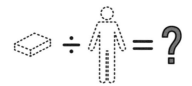

 0÷0は①と②のどちらにも当てはまりませんね。
どうやって考えればいいんですか？

 では、さっきと同じように考えてみよう。
0÷0の答えを求めることとは、？×0＝0を満たす「？」を求めることと
同じだから……？

$$0 \div 0 = ?$$
$$\Updownarrow$$
$$? \times 0 = 0$$

 あれ？
0に何をかけても0なんだから、「？」はどんな数でもいいことになりま
せんか？

 そうなんだ。？×0＝0を満たす「？」は無数に存在する。
1でも−1でもπでも0をかければすべて0になる。
0以外の数を0で割ったときの答えは「何もない」。
0÷0 の答えは「なんでもあり」。
以上のことから、0による割り算はどちらのタイプであるにせよ無意味
なので、数学では考えないことになっているんだ。

これだけでは終わらない?!
0の奇妙な話

 0の奇妙な話はこれだけにとどまらない。
次は0の累乗について考えてみよう。

 累乗ってなんですか？

 累乗とは、同じ数を肩に乗った数（指数）だけ繰り返しかけることだ。
例えば、2^3は2を3個かけ合わせるという意味で、「2の3乗」と読む。

$$2^3 = 2 \times 2 \times 2 = 8$$

3^4なら、3を4個かけ合わせるという意味になる。

$$3^4 = 3 \times 3 \times 3 \times 3 = 81$$

では、2^0はどのように考えればいいだろうか？

 2の0乗ということは、2を0個かけ合わせるという意味だから……あれ？
いくつになるんだろう？

 「2を0個かけ合わせた数」と考えると意味がわかりにくいが、2の累乗
を順番に並べてみるとその規則性が見えてくる。

$$2^4 = 16$$
$$2^3 = 8$$
$$2^2 = 4$$
$$2^1 = 2$$
$$2^0 = ?$$

（各段の右に $\frac{1}{2}$）

3乗→2乗→1乗と指数が1つ減るにつれて半分になっているんだ。
すると、2^0はいくつになるだろうか？

 2^1の半分だから……$2^0 = 1$ですね！

 正解だ。
0乗についてもう少し検証してみよう。
さっき説明した通り、$2^5 = 32$であり、$2^3 = 8$である。
ここで、$2^5 \div 2^3$を計算してみよう。

$$2^5 \div 2^3 = \frac{2 \times 2 \times 2 \times 2 \times 2}{2 \times 2 \times 2}$$
$$= 2^{5-3}$$
$$= 2^2$$

このように、2^2が残るので、$2^5 \div 2^3$という計算は2^{5-3}と考えていいだろう。

 累乗の割り算は、指数の部分を引き算すれば簡単に求められるということですね！

 では、$2^5 \div 2^5$ならどうだろうか？

 同じ数同士の割り算なんだから、もちろん答えは1ですよね？

 その通りだ。累乗の割り算のルールで考えると

$$2^5 \div 2^5 = 2^{5-5} = 2^0$$
$$2^0 = 1$$

となり、この考え方でも0乗は1になる。
このように、「0より大きい数」の0乗は1と考えておけば間違いない。

じゃあ、0^0の答えは何？

 では、0の0乗はいくつになるだろうか？

 う〜ん……。

$0^3=0$、$0^2=0$、$0^1=0$のように、0をいくらかけても答えは0なんだから、$0^0=0$かなあ？

でも、$3^0=1$、$2^0=1$、$1^0=1$のように、0乗すると1になるんだから、$0^0=1$のようにも思えるし……。

もしくは0の割り算のように、定義することができないのかなぁ？

$$0^4 = 0 \qquad 4^0 = 1$$
$$0^3 = 0 \qquad 3^0 = 1$$
$$0^2 = 0 \qquad 2^0 = 1$$
$$0^1 = 0 \qquad 1^0 = 1$$
$$0^0 = ? \qquad 0^0 = ?$$

 実は0の0乗の答えは0による割り算と同様に、基本的に考えないことになっているんだ。

 いったいどういうことですか？

0^0が定義できない場合

 0の0乗が定義できない理由は、0による割り算で説明できる。

 え?! 累乗なのに割り算が関わっているんですか？

０÷０の答えは？

さきほどの累乗の割り算のルールを思い出してみよう。
例えば$2^5 \div 2^3$という計算は

$$2^5 \div 2^3 = 2^{5-3} = 2^2$$

このように、指数も引き算が導入できるんだったな。
この累乗の割り算のルールを逆に考えてみよう。

逆に？

0^0は0^{5-5}と表すことができる。さらに0^{5-5}を割り算の式に戻すと

$$0^{5-5} = 0^5 \div 0^5$$

0^5はもちろん0だから

$$0^{5-5} = 0^5 \div 0^5 = 0 \div 0$$

本当だ！
$0 \div 0$になるので、0^0は1つの値に定まらないということになりますね！

$0^0 = 1$かもしれない場合

$y = x^x$という関数を用いると、0の0乗の答えが1になるように見えるんだ。
正の方から0に近づけていくと、x^xの値はどのように変化するだろうか？

う～ん、$3^3 = 27$、$2^2 = 4$、$1^1 = 1$のように、どんどん小さくなっていくように思えますね。

そうだな、直感ではxの値が正の方から0に近づいていくほど、x^xの値はどんどん小さくなっていくように思える。

しかし、y＝xˣのグラフを描くと、実はこんな形をしているんだ。

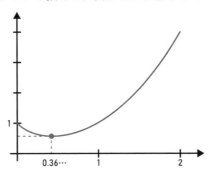

あれ？　途中から少しだけ増えていますよね?!

そう、x＝0.36辺りから増加に転じるんだ。そしてxが0に近づくほどxˣの値は1に近づいていくように見える。だから必要に応じて「xが0より**大きいとき、y＝xˣ、x＝0の場合はy＝1とするのがよい**」というのが1つの考え方。

ただし、気を付けなければならないのは、用いる関数によっていろんな値に近づいていくということ。

なるほど、今回はたまたまy＝xˣを使ったから、x＝0のときy＝1になるように見えたんですね。

そういうことだ。しかしながら、$0^0＝1$としておくと、プログラミングの演算や数学の定理（二項定理など）の中では都合がいい場合が多いということは覚えておこう。

ちなみにこれは豆知識だが、増加に転じる境界は<u>ネイピア数</u>（※1）の<u>逆数</u>（※2）である。ネイピア数とは、円周率に並ぶ数学の重要な定数の1つ。興味があったら調べてみよう。

※1　ネイピア数：通常eという記号で表される数学定数の1つです。e＝2.7182818…と無限に続く数であり、「自然対数の底」とも呼ばれます。
※2　逆数：かけたら1になる数のことです。例えば2の逆数は1/2であり、2つをかけると2×1/2＝1になります。この他にも、3/4の逆数は4/3、－2の逆数は－1/2であり、いずれもかけると1になります。

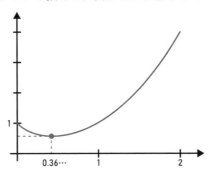

0
÷
0
の
答
え
は
？

大事なのは柔軟な考え方

 こうして考えてみると、0の計算って本当に厄介なんですね。
定義できなかったり、答えが複数あったり……数学って意外と適当なのかなぁ？

 大事なのは、「0÷0の答えは存在しない」「0÷0は1である」の**どちらかが正しく、どちらかが間違っていると決めつけてしまわないこと**。
これらはどちらも解答として「100点ではないが0点とも言えない」のである。

 う〜ん……答えが1つに定まらないのは、やっぱりもどかしいですね。

 そもそも数学とは、ある前提下での理論体系を説明するものである。
わかりやすく言うと、「このルール（定義）で考えた場合、こんな世界観で見ることができる」ということだ。
今回いろいろな角度で0÷0を考えたように、前提が変わればそこには異なる世界が広がっているのである。

 なるほど……難しいけれど、ちょっとロマンチックかも！

0のトリセツ

Q

ピラミッドと円周率の奇跡

17

ピラミッドとは巨大な石を積み上げた古代遺跡である。
今から約4500年も前に作られた建造物であるが、
高度な建築技術によって作られたその構造には
いまだ解明されていない部分が多く残されている。
またピラミッドには多くの数学にまつわる謎が隠されている。
ギザの大ピラミッドの底面の周りの長さを高さの2倍で割ると、
何と円周率が現れるというのだ。
しかし数学史において、円周率は大ピラミッドが建造された年代よりも
後に考えられたことになっているため、
太古の人間が円周率を元にピラミッドを設計したとは考えにくい。
しかし、偶然で円周率が出てくる可能性は奇跡的な確率だ。
今回はピラミッドに隠された円周率の謎について考えていこう。

ピラミッドの建造方法は謎だらけ

 ピラミッドとは四角錐の形に石材を積み上げた古代エジプトの遺跡の1つだ。

エジプトにある数多くのピラミッドの中でも、もっとも有名なギザの大ピラミッドが作られたのは紀元前2500年頃、今から約4500年前である。

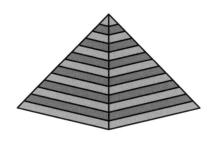

 大昔に、あんなにすごい建造物を作ったなんて信じられないですね。

 当時はもちろん重機などはなく、すべて人力で巨石を積み上げて建造した。この大ピラミッドは**約20年の歳月**をかけて作られたと考えられているようだ。

 20年もかかったんだ！
でも、人の手で建造されたことを考えれば、むしろ短いようにも思えますね。

 そう、**20年という建造期間はあまりにも短い。**
巨石の重量は1個当たり平均2.5tもあり、合計270万個にも及ぶそうだ。
270万個の巨石を20年で積み上げるには1日当たり約370個の石材を切り出して運搬し、積み上げなければならない。

$$\frac{270万個}{20年 \times 365日} = 約370個／日$$

これらの工程にかけることのできる時間は、1個当たり4分という計算になる。

$$\frac{24時間 \times 60分}{370個} = 約4分／個$$

 1個当たりたったの4分?!
いったいどんな技術を使ったんだろう?

 このようにピラミッドの建造方法や構造には謎が多く残されており、世界七不思議の1つとして語られていたりする。
今回はその中でも、数学に関する謎について考察してみよう!

(ピラミッドから円周率が現れる?!)

 ピラミッドは石材でできており4500年もの長い歳月が経過しているため、風化して建造当時のサイズとは異なっているが、斜面の傾きから当時の大きさをかなり正確に推測することができるようだ。

 今よりも大きかったんですね。

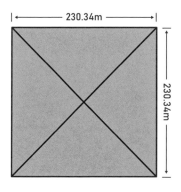

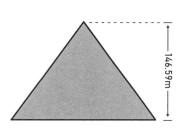

ギザの大ピラミッドは底辺の長さは230.34m、高さは146.59mである。
底面の周りの長さを、高さを2倍した長さで割ってみると、数学でおなじみのある定数が出てくる。

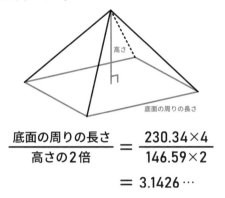

高さ

底面の周りの長さ

$$\frac{底面の周りの長さ}{高さの2倍} = \frac{230.34 \times 4}{146.59 \times 2}$$
$$= 3.1426\cdots$$

 あれ？　これって円周率？

 そう、円周率は「円周の長さ÷直径の長さ」を計算したときに現れる3.141592...と無限に続く数学の定数であり、π（パイ）という記号で表される。
ここでは驚くべきことに、なんと小数第2位まで正確な円周率が現れるんだ。

 すると、古代エジプト人は円周率を元にピラミッドを設計したということですか？

 いや、円周率を計算し始めたのは紀元前2000年頃の古代バビロニア人だ。
バビロニア人は円周率を3として利用していた。

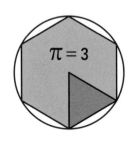

π＝3

紀元前250年頃にアルキメデスは円周率を計算によって導いた。
「円に近い正多角形を使えば、より正確な円周率を求めることができる」と考え、正九十六角形を用いて「円周率は $\frac{223}{71}$ より大きく、$\frac{22}{7}$ より小さい」ことまで調べたんだ。

$$\frac{223}{71} < \pi < \frac{22}{7}$$

小数で表すと

$$3.1408... < \pi < 3.1428...$$

であり、小数第2位まで正しく求められていることになる。

 つまり、古代エジプト人は時代を2000年も先取りしていたことになるんですか？

 そう、これがピラミッドにまつわる円周率の謎である。
「底面の周りの長さ÷高さの2倍」に円周率が現れる謎のことを、以降
「ピラミッドの比率の謎」 と呼ぶことにする。
円周率を求めるためには高度な数学の知識が必要なため、この時代のエジプトで小数第2位までの正確な円周率が判明していたとは考えにくい。

 小数第2位までとなると、偶然の可能性はかなり低いですよね？
まさか……宇宙人の仕業？

 実は円周率を知らなかったとしても π を潜ませることはできるんだ。
つまりこれは、**数学のトリック**である！

 数学のトリック?!　いったいどういうことですか？

古代エジプト人は
どのように長さを測った?!

 大ピラミッドは底辺の長さが約230mもある巨大な建造物である。これだけの長い距離をどのように測ったのだろうか？ ロープなどを使った可能性もあるが、車輪を転がす方が向いているだろう。

ここでは計算しやすいよう、底辺と高さをピラミッドと同じ比率の数字に置き換えて考えてみよう。

例えば直径1mの大型の車輪を転がして、50回転したらその長さをピラミッドの底辺と定めるとする。

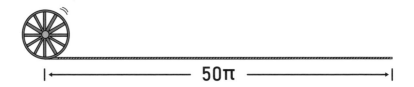

すると底辺の長さは

$$1\text{m} \times \pi \times 50\text{回転} = 50\pi\,\text{m}$$

ほら、π が紛れ込んできた。

 なるほど、円周率を知らなくても、<u>円を使って測った長さには π が現れる</u>んですね。

 このように、底辺の一辺の長さを車輪50回転分、高さは車輪のような円を使わずに100mを測ったとすると、「ピラミッドの比率」は次のようになる。

$$\frac{\text{底面の周りの長さ}}{\text{高さの2倍}} = \frac{50\pi \times 4}{100 \times 2}$$
$$= \pi$$

円周率を知らなくても、自然に比率の中にπが現れる可能性は十分考えられますね！

 しかし、底辺の長さは車輪で測ったのに、なぜ高さは車輪の回転数を元にした長さに決めなかったのか？　という疑問が残る。

 確かに、高さも車輪〇回転分とした方が自然ですよね……。

 もし高さも車輪の回転数で決めていたら、高さにもπが含まれる。高さを車輪30回転分とすると

$$\frac{底面の周りの長さ}{高さ\times2} = \frac{50\pi\times4}{30\pi\times2}$$
$$= \frac{10}{3}$$

このように約分するとπは消えてしまい、「ピラミッドの比率の謎」は生まれなかったことになる。

もしピラミッドのモデルが 円錐形だったら?

 ピラミッドは四角錐の形をしているけれど、もし仮に円錐形をモデルとして作られたのなら、車輪を使わなくても「ピラミッドの比率の謎」を成立させることができるんだ。

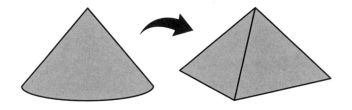

 つまり、円を使った長さの計測をしなくても、比率にπが紛れ込む場合があるんですね。

底面の半径の長さが、高さと同じ円錐形を考えてみよう。

高さと同じ長さの紐を用意して、それを半径とする円を描く。

円周は「直径×円周率」なので、

$$2h \times \pi = 2\pi h$$

となる。

その円にロープを這わせてから伸ばして4等分する。こうしてできたロープの長さを一辺とする正方形をピラミッドの底面とした場合、

$$
\begin{aligned}
\text{ピラミッドの比率} &= \frac{\text{底面の周りの長さ}}{\text{高さ} \times 2} \\
&= \frac{2\pi h}{h \times 2} \\
&= \pi
\end{aligned}
$$

となり、比率の中に π を仕込むことができる。

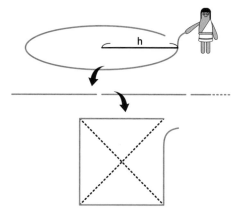

確かに車輪を使わなくても「ピラミッドの比率の謎」が成立しましたね！
でもなんでピラミッドは円錐型じゃないんでしょうか？

それは古代の建築技術では円錐型のピラミッドを作ることができなかったからだろう。四角い巨石を組み合わせて作るような工法では円錐形に並べることの難しさは容易に想像できる。

古代エジプトで使われていた単位

 これまで長さの単位をメートルで説明してきたが、もちろん古代エジプトにメートルなんて単位は存在しない。

当時は肘から中指の先端までの長さを1とする、キュビット（Cubit）という単位が使われていたんだ。また手のひらの長さを1とするパーム（Palm）という単位も使用されていて、

> 1キュビット＝6パーム

という関係だった。

 世界にはユニークな測り方があるんですね。

 しかし、キュビットには2種類あって、公的に使用されていたロイヤルキュビットでは

> 1キュビット＝7パーム

と定められている。

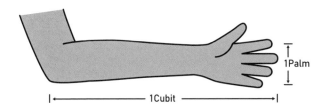

1Palm

1Cubit

1Cubit : 1Palm ＝ 7 : 1

 つまり「肘から中指の先端までの長さは、手のひら7つ分」ということですね。

キュビットとパームをつかって円周率を測ると面白いことがわかる。
まず直径1キュビットの円を描く。そして、この円の円周に沿って紐を
あてがい、余った部分を切り落とす。すると、直径1キュビットの円の
円周の長さの紐ができる。
この紐の長さが、何パームなのか測ってみよう。

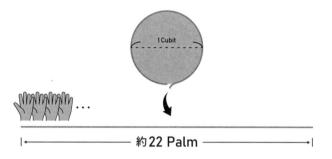

約22 Palm

1、2、3、4、……22個分くらいですね。
紐の長さはだいたい22パーム。

よって直径1キュビットの円の円周は約22パームであることがわかった。
1キュビット＝7パームなので、直径7パームの円の円周は約22パームと
なる。ここで、円周率を計算してみよう。

円周率は「円周÷直径」だから

$$22パーム \div 7パーム = \underline{3.14}2857......$$

あれ？　円周率が現れましたよ?!

そう、キュビットとパームを使うと偶然にも円周率が現れるんだ。
そして、$\frac{22}{7}$ という分数は約2000年後にアルキメデスが円に外接する正
九十六角形まで計算してやっとたどり着いた近似値である。
この求め方は論理的どころか、ただの目分量にすぎない。だが偶然にも
1キュビット＝7パームという単位を使っていたおかげで、直径と円周
の比率は7対22くらいだろうと判明していた可能性が考えられる。

ピラミッドの真の奇跡とは？

 このように、ピラミッドの底面の周りの長さを高さの2倍で割ると円周率が現れるのは、偶然の一致である可能性も十分考えられることがわかったと思う。
そもそも円周率は数学において重要な定数であるが、定義自体はとてもシンプルである。

 円周を直径で割っただけですもんね。

 そう、正確な円周率を算出するのは高度な数学の知識が必要だけれど、簡易的で構わないのであれば、物差しと紐を使って円周と直径の比率がどのくらいなのか求めることは誰にでもできる。繰り返し計測して平均を取れば、建築で扱う分には困らない程度の値を導くことも可能だろう。

 なるほど、円周率は身の回りでごく自然に現れる定数なんですね。
するとピラミッドの真の奇跡は意図しなくても正確な円周率が求まる、1キュビット＝7パームという特殊な単位を使っていたことにあるのかもしれないですね！

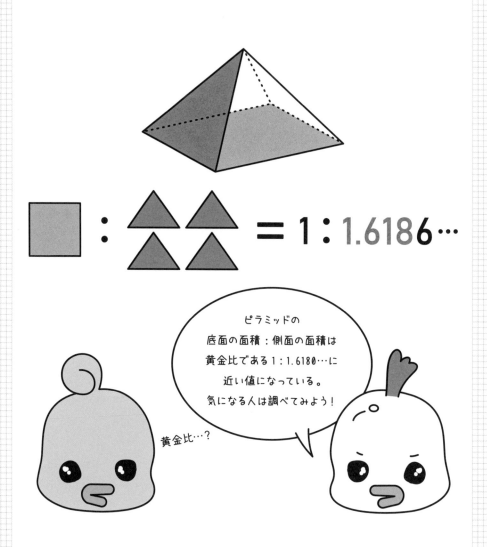

黄金比…?

Q

無限枚の板をペンキで塗るには？

板をペンキで塗るとき、塗る面積が大きければ大きいほど、
それに比例してたくさんのペンキが必要になる。
では、無限枚の板の塗装を頼まれたらどうすればいいだろうか？
無限とは「限りがない」「終わりがない」ことなので、
地道にハケで塗っていってもすべてを塗り尽くすことはできない。
さらに、無限に広い面積を塗るには
無限の量のペンキが必要になるだろう。
しかし、数学の世界で「ペンキで塗る」ことについて考えると、
わずかな量のペンキでも
無限に広い面積を塗り尽くすことが可能になってしまう。
今回も、無限の奇妙な世界をのぞいていこう。

もし無限枚の板の塗装を頼まれたら？

 ねぇヒヨコイ、ここにある正方形の板をペンキで塗ってくれないか？

 いいですよ。

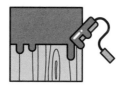

親鳥さん、塗り終わりましたよ。

 ありがとう。
じゃあ次は、この板をペンキで塗ってくれ。

 わかりました。
同じように塗ればいいんですね。

 うん、任せたぞ。

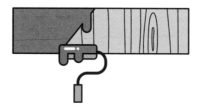

 親鳥さん、塗り終わりましたよ。

 ありがとう、じゃあその調子でこの板も塗ってくれないか？

あれ？　そういえばどんどん細長くなっているぞ？
親鳥さん、この仕事はいつ終わるんですか？

 いや～、実は取引先から大量に板の塗装を頼まれていて、まだまだいっぱいあるんだ。

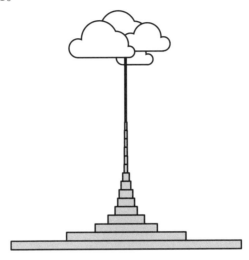

 げっ！　山のようにあるじゃないですか！
てっぺんが霞んで見えない……いったい全部で何枚あるんですか？

 う～ん、発注書には「数量∞」と書かれているな。

 む、無限枚?!
永遠に終わらないじゃないですか！

 そうだな。根気よく塗っていっても、無限にあるんだからすべての板を塗り尽くすことは不可能だ。
ところでヒヨコイ、これらの板に共通する特徴はなんだと思う？

 う～ん、塗るのが大変。

 いやいや、数学的な特徴を探してくれ。

そういえば板の形はどれも違うけれど、塗るのにかかる時間は同じくらいだったな……。もしかして、**すべて同じ大きさなんですか？**

お見事、その通りだ。
板の長さと面積は以下のようになっていたんだ。

1枚目の板　$1\text{m} \times 1\text{m} = 1\text{m}^2$

2枚目の板　$\frac{1}{2}\text{m} \times 2\text{m} = 1\text{m}^2$

3枚目の板　$\frac{1}{4}\text{m} \times 4\text{m} = 1\text{m}^2$

4枚目の板　$\frac{1}{8}\text{m} \times 8\text{m} = 1\text{m}^2$

…

このように板はどんどん細長くなっていくが、**すべて1㎡なんだ。**

どれも同じ面積だったんですね。

次に、この板を横に並べてみよう。板は無限枚あるから、**無限に横に並んでいる**ことになるんだけれど、すべての板の面積の合計はいくつになると思う？

う〜ん、1㎡の板が無限枚あるんだから、面積の合計は∞？

そうだな。
1を∞回足すんだから、その面積は果てしなく大きくなる。

$$1 + 1 + 1 + 1 + \cdots = \infty$$

じゃあ、すべての板を塗り尽くすのに必要なペンキの量はどれくらいだろう？

 そりゃあ無限の量のペンキが必要なんじゃないんですか？

 それはどうしてだ？

 だって板は無限枚あって、面積は無限の広さなんですよ？
すべて塗り尽くすためにはペンキがどれだけあっても足りないじゃないですか！

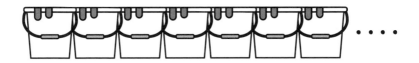

本当に無限の量のペンキが必要?

 果たして本当に無限の量のペンキが必要なのだろうか？
そのために、まずはある立体について考えてみよう。
次のように横に並べた板をグルグルと回転させると、円柱が重なったような立体ができる。

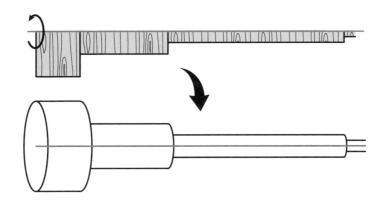

無限枚の板をペンキで塗るには？

ヘンテコな形ですね。

 板は無限枚あるから、この円柱は無限にどこまでも続いている。
では、この円柱の体積はどれくらいだろうか？

 え？ 無限にどこまでも重なっているんだから、体積も無限なんじゃないんですか？

 それはどうだろうか？
円柱の体積は「底面の面積×高さ」で求めることができる。すると、1枚目の正方形の板を回転させたときにできる円柱の体積はどれくらいになるだろうか？

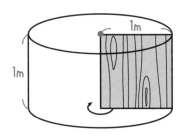

 う〜ん、一辺の長さが1mの正方形を回転させているんだから、この円柱の半径は1m。だから、底面の面積は

$$1m \times 1m \times \pi = \pi \, m^2$$

となり、円柱の高さも1mなんだから、求める体積は

$$\pi \, m^2 \times 1m = \pi \, m^3$$

ですね！

 お見事、その通り！
じゃあ、左から2つめの円柱の体積は？

縦$\frac{1}{2}$m、横2mの板を回転させているんだから……。

$$\frac{1}{2}\text{m} \times \frac{1}{2}\text{m} \times \pi \times 2\text{m} = \frac{1}{2}\pi\ \text{m}^3$$

あれ？　体積が同じにならない？

 そう、板の面積はどれも同じだけれど、回転体の体積が同じになるとは限らない。

 へぇ〜そうなんですね！

 このように計算していくと、1つ目は$\pi\ \text{m}^3$、2つ目は$\frac{1}{2}\pi\ \text{m}^3$、3つ目は$\frac{1}{4}\pi\ \text{m}^3$、4つ目は$\frac{1}{8}\pi\ \text{m}^3$となる。

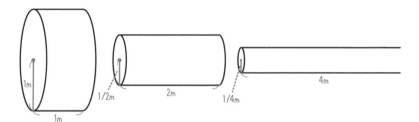

 あれ？　体積の大きさがどんどん半分になっている？

 そう、円柱が細長くなるにしたがって、体積は半分の大きさになっていくんだ。

つまり、すべての円柱の体積の合計は

$$\pi\ \text{m}^3 + \frac{1}{2}\pi\ \text{m}^3 + \frac{1}{4}\pi\ \text{m}^3 + \frac{1}{8}\pi\ \text{m}^3 + ...$$
$$= \left(1 + \frac{1}{2} + \frac{1}{4} + \frac{1}{8} + ...\right)\pi\ \text{m}^3$$

を計算すればよい。

無限枚の板をペンキで塗るには？

この足し算は無限に続いているんだから、やっぱり答えは無限に大きくなるんじゃないんですか？

いや、実はそうでもないんだ。
確かに最初に計算したような、1を無限に足すような式の答えは無限大になる。しかし、$1+\frac{1}{2}+\frac{1}{4}+\frac{1}{8}$....という足し算の答えは、どれだけ足しても無限に大きくはならないんだ。

どうしてですか？

次のように考えてみよう。
まず、大きさが1の正方形を用意する。次に、その隣に正方形を半分に切った四角形を並べる。その次は$\frac{1}{4}$の四角形、その次は$\frac{1}{8}$の四角形……。
このように大きさを半分にしながら四角形を果てしなく並べていくと、全体の大きさはどうなるだろうか？

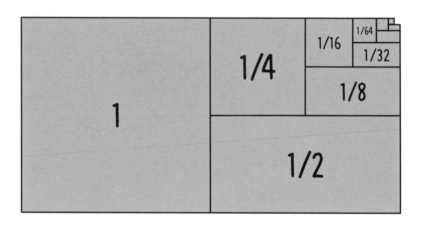

あれ？　無限に大きくなると言うより、正方形2つ分の大きさに近づいていくように見えますね。

その通り。
$1+\frac{1}{2}+\frac{1}{4}+\frac{1}{8}$....の足し算を無限に行うと、その答えは2になるんだ。

よって、無限に重なった円柱の体積の合計は<u>2π m³</u>となる。

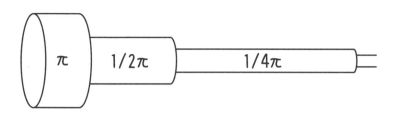

無限枚の板を塗る方法

 それでは、無限枚の板を塗る方法を考えてみよう。
さきほど作ったヘンテコな立体と同じ形の容器を作ったとする。すると
この容器の体積は2π m³なので、2π m³以上のペンキを用意すればこの
容器を満たすことができる。

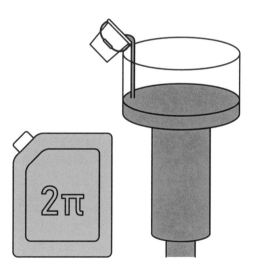

 無限に長い容器なのに、有限の量のペンキでいっぱいにすることができ
るなんて不思議ですね。

さて、ペンキでいっぱいになった容器の中に、無限枚の板を差し込んだらどうなるだろうか？　この容器は無限枚の板を回転させてできた形なので、すっぽりと収まるはずだ。

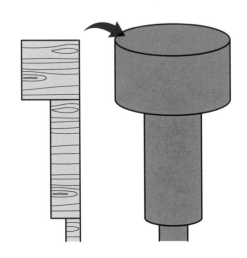

最後に、この無限枚の板を取り出したら？

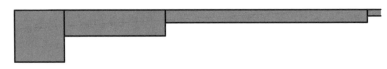

あれ？　無限枚あるすべての板をペンキで塗ることができた!?

そう、無限の面積の板を塗るには無限の量のペンキが必要なのではなく、2π㎡、つまり円周率を3.14とした場合、6,280L（※1）あれば十分ってことだ。

※1：1㎡＝1,000Lとなります。

う〜ん……理屈はわかるのですが、無限の面積を塗るのに、有限の量のペンキがあれば十分というのがどうも理解できないです。

これはペンキを限りなく薄く伸ばして塗っているということなんだ。

限りなく薄く伸ばす？

 もしペンキを塗るときの厚みが指定されていたら、この話は成立しない。
例えば厚みが1mm（0.001m）なら

$$2\pi \text{ m}^3 \div 0.001\text{m} = 2000\pi \text{ m}^2$$

塗ることのできる面積は2000π ㎡が限界である。
しかし、厚みに指定がないのなら半分の0.5mm、さらに半分の0.25
mm....と限りなく薄く伸ばすことができる。その結果、無限に広い面積
を塗ることができる。

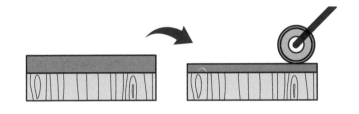

もちろんこれは数学の世界の話であって、現実世界ではペンキを無限に
薄く伸ばすことなんてできない。でも、数学の世界で「ペンキで塗る」
ことを考えたら、こんな馬鹿げた話でも成立してしまう。

 なるほど、有限の量のペンキで無限の面積を塗り尽くす……数学って本
当に不思議で面白いですね！

無限枚の板をペンキで塗るには？

トリチェリのトランペット

有限の量のペンキで無限枚の板を塗り尽くすという話は、「トリチェリのトランペット」というパラドックスからきています。

さきほど作った無限枚の板をxy平面上に置き、それぞれの板の左上の頂点を次のように結んでいきましょう。

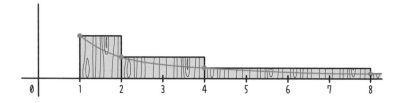

このようにしてできる曲線は

$$y = \frac{1}{x}$$

という反比例のグラフになっています。

そして、この$y = \frac{1}{x}$をx軸に対して回転させると、ラッパのような不思議な形の立体ができあがります。

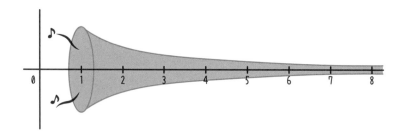

このラッパの体積は有限ですが、表面積は無限に大きいのです。

1つの立体の中で有限と無限が同居する、面白い性質をもつ図形なのです。

Aが生き残る確率は？

19

「明日の降水確率は50%」「コインを投げて表が出る確率は$\frac{1}{2}$」
などのように、一般的に確率は現在の情報から未来を予測する。
しかし、ときには同じ情報であるにもかかわらず、
その入手方法によって確率が変わってしまうことがある。
ある監獄に3人の死刑囚ABCが収監されている。
しかし、3人の中から1人だけ恩赦により釈放されることになった。
囚人Aは誰が恩赦の対象になるのか気になり、看守に直接尋ねたところ
交渉のかいあって囚人Bは処刑されることがわかった。
囚人Aは喜んだ。なぜなら今や自分か囚人Cが釈放されることになり、
生き延びる確率が$\frac{1}{2}$に上がったと思ったからだ。
しかし、本当に囚人Aが釈放される確率は$\frac{1}{2}$だろうか？
今回はどう考えても直感に反する不思議な確率の世界をのぞいてみよう。

ノーリスクで確率が変わるなら 苦労しない?

 ある監獄に3人の囚人ABCが収監されている。みんな死刑囚だが、今回は恩赦によって1人だけ釈放されることになったんだ。

 3人のうち、1人だけ釈放されるということは、$\frac{1}{3}$の確率で生き残るということですね。

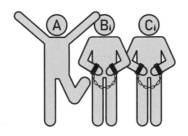

 その通り。囚人たちはその知らせを聞いて歓喜したが、囚人Aは誰が恩赦されるのか気になってしかたがなかった。そこで看守に尋ねた。

囚人A「看守さん、誰が釈放されるんですか?」
看守 「悪いが守秘義務により、誰が釈放されるのか教えることはできないことになっている」
囚人A「じゃあ、私は処刑されるのかどうか教えてくれませんか?」
看守 「それも守秘義務により答えることはできない。本人の処遇についても一切の他言を禁止されている」

しかし、諦めきれない囚人Aは、少し考えてから次のように交渉した。

囚人A「3人の内、釈放されるのは1人だけ。だから囚人B、Cのうち、少なくともどちらか1人は死刑になる。どちらが処刑されるのか教えたとしても、誰が釈放されるのか特定することにはつながりませんよね?」

すると、看守はしばらく悩んでからこの申し出を承諾し「**囚人Bは処刑される**」と教えてくれた。

すると囚人Aは「結局自分か囚人Cのどちらかが釈放されることになったんだから、生き残る確率が$\frac{1}{3}$から$\frac{1}{2}$に上がった！」と喜んだ。
果たして本当にそうだろうか？

 え？　何か間違っているんですか？
結局囚人AかCのどちらかが釈放されるんだから、$\frac{1}{2}$で合ってますよね？

 冷静に考えてみよう。
囚人Aは看守に質問したことで釈放される確率が$\frac{1}{3}$から$\frac{1}{2}$に上がったと喜んだけれど、この理屈は明らかにおかしい。
なぜなら、もし看守が「囚人Cが処刑される」と答えた場合も、囚人Aは「自分か囚人Bのどちらかが釈放されるんだから、生き残る確率は$\frac{1}{2}$に上がった」と喜ぶことになるからだ。

あれ？　囚人Aにとってこの質問はメリットしかない？

 つまり看守がどちらを答えようと、囚人Aの生き残る確率が上がることになるんだ。

 ノーリスクで確率が上がるなんて……言われてみれば確かに不自然ですね……。

 先に答えを言ってしまうと、囚人Aが釈放される確率は $\frac{1}{3}$ のまま変わらないんだ。

 $\frac{1}{3}$!?
どうしてそうなるんですか？

確率が変わったように 感じるのは気のせい？

 確率を考えるときは、面積で表すとわかりやすい。
もともと3人の囚人ABCそれぞれが釈放される確率は $\frac{1}{3}$ なので、面積で表すと次のようになる。

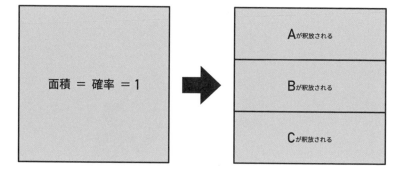

面積 ＝ 確率 ＝ 1

Aが釈放される

Bが釈放される

Cが釈放される

 面積の大きさが、生き残る確率を表しているんですね。

ここで、看守に質問した場合にどのような答えが返ってくるのか場合分けしてみよう。

囚人Aが釈放されると決まっている場合、BとCが処刑されるので、看守は「Bが処刑される」または「Cが処刑される」のどちらかを答えることになる。看守がどちらを答えるかは完全に気まぐれで、同じ確率で起こり得るものとする。

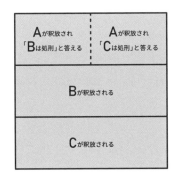

同じように囚人Bが釈放される場合も囚人Cが釈放される場合も、それぞれ2通りの答え方があることになる。

そうですね。

この中から、守秘義務上起こり得ない場合に注目してみよう。
看守は守秘義務により、直接本人に対して「おまえは処刑されるぞ」とは答えられない。

右端縦書き：Aが生き残る確率は？

つまり囚人Aに対して「Aが処刑される」とは言えないんですね。

 囚人Aが釈放される場合は、囚人B、Cのどちらが処刑されるのか答えても構わないんだけれど、囚人Bが釈放されるときはそうではない。
看守の脳内では次のような思考がはたらくんだ。

「おっと危ない、『Aが処刑される』と言いそうになったけど、直接本人には伝えられないから『Cが処刑される』と答えておこう」

囚人Cが釈放されるときも看守は同じように考えるはずだ。
よって、結果的に「囚人BとCが処刑される」と答える場面が増えることになるんだ。

Aが釈放され「Bは処刑」と答える	Aが釈放され「Cは処刑」と答える
Bが釈放され「Aは処刑」と答える	Bが釈放され「Cは処刑」と答える
Cが釈放され「Aは処刑」と答える	Cが釈放され「Bは処刑」と答える

→

Aが釈放され「Bは処刑」と答える	Aが釈放され「Cは処刑」と答える
Bが釈放され「Cは処刑」と答える	
Cが釈放され「Bは処刑」と答える	

 なるほど。
面積の割合が変わりましたね。

 あとはこの中から今回起こらなかった場合を削っていけばいい。

 看守が「Cが処刑される」と答える場合ですね！

 その通り！　今回、看守は「Bが処刑される」と答えているので、この2つの可能性が実現しなかったことになる。

さて、残った可能性は「囚人Aが釈放されて『囚人Bが処刑される』」と答える場合か「囚人Cが釈放されて『囚人Bが処刑される』」と答える場合のどちらかだけれど、見るとわかる通りそれぞれ起こり得る確率が異なる。

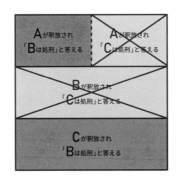

 面積の大きさが違いますもんね……。

 そう、いずれにしても看守は「囚人Bが処刑される」と答えるだけだが、囚人Aが釈放される確率を表す面積の大きさは残った部分の$\frac{1}{3}$しかない。よって囚人Aが釈放される確率は最初と変わらず$\frac{1}{3}$のままである。

 本当だ！　確かに生き残る確率が変わっていませんね。

 このように、ある条件の下で起こる確率のことを **条件付き確率** という。

 この条件ではAにとってはプラスにはならなかったということですね。じゃあ結局、どうすればAが最初に期待したように、Aの生き残る確率が上がったのでしょうか？

 事前にどのように情報が得られたかで確率が変わってくるんだ。ここからは、他のパターンも見てみよう！

Aが生き残る確率は？

こっそり盗み聞き!?　パターン

囚人Aが看守に直接聞いたのではなく、看守同士のやり取りを盗み聞きしたパターンを考えてみよう。

囚人Aは、ある日このような会話を耳にした。

「そういえば、誰が処刑されることになったんだっけ？」
「囚人Bと囚人……が処刑されるそうだ」

1人は聞き取れなかったが、どうやら囚人Bは処刑されることが確定したようだ。

この場合、囚人Aは喜んでもいいだろうか？

看守に直接聞くのと盗み聞きするのって何が違うんですか？　どちらも「囚人Bが処刑される」という情報を得たことに変わりないような気がしますけど……。

それはどうかな？

さっきと異なるのは「囚人Aが処刑される」と看守が答える可能性があるかどうか。囚人Aが直接看守に聞いたパターンでは守秘義務により意図的に「Aが処刑される」場合でも「Bが処刑される」「Cが処刑される」のどちらかに変更しなくてはいけなかった。

でも、今回はそうする必要がないだろう？

そうか！

今回は看守同士のただの雑談なんだから「Aが処刑される」と答えていた可能性も十分考えられますよね！

その通り。よって今回起こらなかった、看守が「Aが処刑される」「Cが処刑される」と答える場合をそのまま消すことで、結果的にこのようになる。

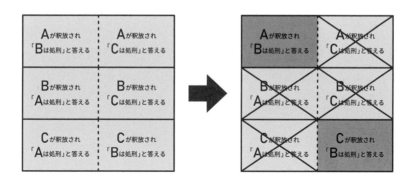

すると囚人Aが釈放される面積と囚人Cが釈放される面積の大きさは同じだから、**囚人Aが生き残る確率は$\frac{1}{2}$！**

今回は囚人Aの期待通り、生き残る確率が上がった。

リスクをくぐり抜けたからこそ得られた結果ですね！

Aが生き残る確率は？

同じ穴のむじな!? パターン

最後に、囚人Aと同じことを考えていた囚人が他にもいたケースを考えてみよう。
ある夜、囚人Aは囚人Cと看守とのこんなやり取りを耳にした。

また盗み聞きですか……。

「3人の内、釈放されるのは1人だけ。だから囚人Aと囚人Bの少なくともどちらか1人は死刑になる。どちらが処刑されるのか教えてくれませんか?」
すると看守は「処刑されるのは囚人Bだ」と答えた。

自分からではなく、別の囚人が同じことを聞いたパターンですね……。
もしかしてこの場合も確率が変化するんですか?

今回のポイントは、囚人Aではなく囚人Cに質問されたので、看守が「囚人Aが処刑される」と答える可能性は十分あったということ。
逆に、看守は守秘義務により囚人C本人に対して「おまえが処刑される」とは伝えることができない。

だから看守は答えるときに「Cが処刑される」を「Aが処刑される」「Bが処刑される」に意図的に変更するんだ。

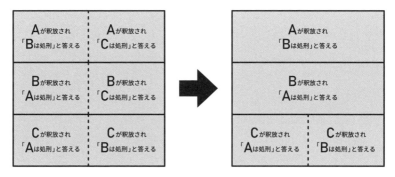

さっきとは正反対ですね。

あとは同じように今回起こらなかった「Aが処刑される」と答える場合を消せばいいので結果的にこのようになる。

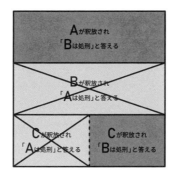

囚人Aが直接看守に聞いたときとは逆に、今度は囚人Aが釈放される確率を表す面積が残った部分の$\frac{2}{3}$を占めている。

よって<u>囚人Aが釈放される確率は$\frac{2}{3}$</u>。

生き残る確率がぐっと増えましたね！

（ 確率を変えたければリスクを負え!? ）

 微妙な条件の違いで確率が変わるのが面白いですね！

 囚人Aが聞かされていたのは、実は**看守によって取捨選択されていた情報**だったことがポイント。
最初に囚人Aが直接看守に尋ねたとき、あてが外れてぬか喜びに終わったのは、囚人Aははなから「自分が処刑されると答えられるかもしれない」という可能性を排除せざるを得なかったから。しかし残りの2パターンにおいては、「Aが処刑される」と答えられてしまう可能性が十分あって、それが後の確率に影響を与えたというカラクリだ。

 「生き残る確率を上げたいのならリスクを負え！」ということですね。

 そう。我が身を案じていては何事も変えることはできないのである。

四次元ポケットの構造とは？

20

『ドラえもん』（藤子・F・不二雄 著／小学館）とは、未来からきた
ネコ型ロボットのドラえもんが主人公・のび太の身にふりかかった
災難を様々なひみつ道具で解決する物語だ。
登場するすべての道具を収納しているのは「四次元ポケット」で、
そこには見た目からは想像もできないほど多くの道具が収納されている。
さらに「四次元ポケット」と同じ形、性能の「スペアポケット」も存在し、
「スペアポケット」からも道具を出したり、ときにはポケット間を通じて
「どこでもドア」のように離れた場所を移動したりすることもできる。
これらの構造の秘密は「四次元」という言葉に隠されているようだ。
私たちの住む世界は縦と横、奥行きからなる三次元空間だが、
果たして四次元空間にはどのような世界が広がっているのだろうか？

(ポケットがいっぱいで入りきらない!?)

 『ドラえもん』の話には様々なひみつ道具が登場するけれど、すべての道具を収納している「四次元ポケット」の中は、いったいどんな構造になっているのだろうか?

 あんなに小さなポケットの中にたくさんの道具をしまっていますけど、普通に考えたら絶対に入りきらないですよね。

 「四次元ポケット」の中には、外見から想像される容積よりもはるかに多くの道具が収納されている。また「スペアポケット」との間で内部空間は共有されているため、「スペアポケット」から入ってドラえもんのおなかのポケットから出てくるということも可能である。

 へぇ～! 「どこでもドア」の機能にそっくり!

 そう、ドラえもんの「四次元ポケット」のひみつを知れば、あらゆるひみつ道具を出し入れできるカラクリも見えてくるんだ。名前に「四次元」とついているので、ポケットの秘密はそこに隠されていそうだ。

一次元や二次元、三次元空間って何?

 ところで、次元という言葉を知っているかな?

 なんとなく聞いたことはありますね。

 英語でディメンション (Dimension) と言い、頭文字を取った3D映像のような言葉で耳にすることが多いだろう。次元とは、数学において**空間の広がりを表す指標**のことを指す。
このうち、一次元空間とは直線の空間である。

 直線って空間と言えるんですか?
もしそこに生命体がいたら、どんな風に感じるんだろう?

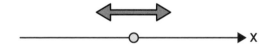

 一次元空間を表す直線をx軸として、もしそこに生命体がいたとしたら、その体は体積や面積を持たず長さで表されることになる。移動するときはx軸上を前後にしか進むことができないことになるんだ。

 横に移動することはできないんですね。なんだかつまらなそうな世界だなぁ。

 すると、もしx軸上に障害物があったらどうなるだろうか? 一次元の生命体は直線上しか移動できないので、その先へ進むことができなくなってしまうんだ。

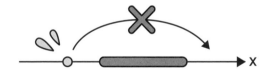

え〜！　これは不便ですね。

 しかし、二次元空間の場合はどうだろうか？

二次元空間とは、x軸に対して直交するような直線y軸を引いたとき、この2本の軸によってできる平面的な広がりを指す。二次元生命体は、x軸上に障害物があってもy軸方向に迂回することでこの障害物を突破することができるようになるんだ。（※1）

※1：二次元空間では一次元の物体の大きさは0になるため避ける必要すらありません。なぜなら二次元空間における物体の大きさは面積として表されますが、一次元の物体の大きさは長さだけなので面積は0になるからです。二次元の生命体は一次元の物体を知覚することができないでしょう。

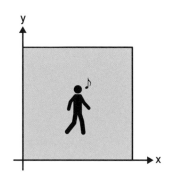

 まさに初期のRPGの世界ですね！

 しかし結局のところ平面的にしか移動できないため、周囲を円で囲うと外へ抜け出すことができなくなってしまう。

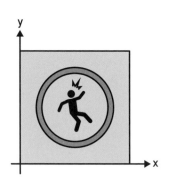

上下に移動できないから、ジャンプして飛び越えることができないんですね。

 ところが三次元空間ではxy平面に直交するようにz軸が引かれるので、空間には立体的な広がりが生まれて簡単に脱出できるようになる。

 これが僕たちのいる世界ですよね！

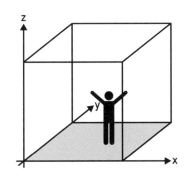

 これまでの話の流れで考えると、四次元空間とは**三次元空間に直交するようなw軸が新たに加わって空間的な自由度がさらに上がった世界**となる。

 縦と横、そして高さ方向の移動に加えて、さらに自由に動けるようになるってこと？
四次元空間っていったいどんな世界なんだろう？

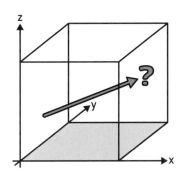

二次元空間に
三次元ポケットがあったら?

 四次元空間の様子をイメージすることは難しいので、1つ次元を下げて、まずは二次元空間から三次元空間を見たらどのように見えるのかを考えてみよう。

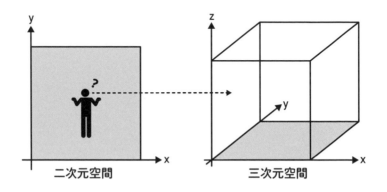

二次元空間　　　　　　　　　三次元空間

二次元空間の住人は縦横にしか動くことができないRPGのような世界に住んでいる。だから彼らに高さの説明をしようとしてもなかなか理解してもらえないだろう。

二次元空間の物体の大きさは、縦×横の面積として表される。
二次元空間は高さがないので、ひみつ道具を敷き詰めることはできても重ねることはできない。だから二次元空間のポケットにひみつ道具をしまおうとしても、ポケットの面積を超える大きさの道具は収納できないことになる。

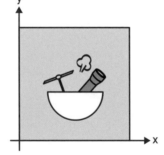

重ねることすらできないとしたら、あまりひみつ道具を入れられないですね。これは不便だ……。

しかし、もしポケットのエリア内だけは三次元空間につながっているとしたらどうなるだろうか？

二次元空間の住人にとって三次元ポケットがあったら、それは魔訶不思議なポケットに見えるだろう。ポケットは三次元空間につながるゲートのような役割を果たしていて、ポケットに入れた道具はz軸方向に少しズレたレイヤーに収納することができる。

z＝0に「スモールライト」、z＝1に「どこでもドア」、z＝2に「タケコプター」……。

このようにzの値を少しずつズラしながらミルフィーユのように無限に収納することができるのだ。

図では二次元空間をそれぞれ離して描いているが、実際には隙間なくみっちりと重なっている。

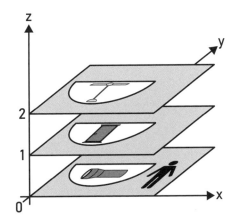

なるほど、僕たちにとって高さ（z軸）があるのは当たり前だけれど、二次元空間の住人にとっては理解しがたいもの。だから道具が重なっていると言われても理解できないんですね。

二次元空間の住人は自分たちが生活しているz＝0の平面にあるものしか見たり触ったりできないから、少しでもz軸方向へズレると知覚することができなくなってしまう。

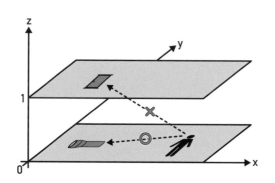

「スペアポケット」の構造

 また、「スペアポケット」の構造も同じように説明することができる。「スペアポケット」とは、ドラえもんのおなかにくっついているポケットとは別の場所にあっても同じ道具を取り出すことができるひみつ道具の1つだ。

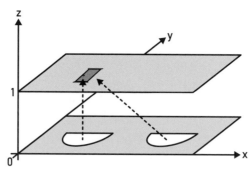

例えばz＝1に収納している「どこでもドア」を取り出したい場合は、普通のポケットがなくても「スペアポケット」でz＝1の空間にアクセスすることで取り出すことができる。

ちなみにドラえもんの妹であるドラミのポケットからドラえもんが持っている道具を取り出せない理由は、例えばドラえもんのポケットは座標が奇数のレイヤー（z＝1,3,5,7,…）、ドラミのポケットは座標が偶数のレイヤー（z＝2,4,6,8,…）などと決まっており、かぶらない仕組みになっているからだろう。

図でいうと、z＝1の空間にドラミのポケットからはアクセスできないことになる。

 すべてのポケットが同じ空間につながっていたら、どれが誰の道具なのかわからなくなっちゃいますもんね！

 また、「スペアポケット」を通じてのび太がドラえもんのポケットから出てくるという現象は、二次元空間を何らかの方法で折り曲げることができれば実現可能だろう。

ちょうど紙を折り曲げるように、二次元空間を歪めて三次元ポケットと「スペアポケット」の位置が重なるようにすることができれば通り抜けることができる。

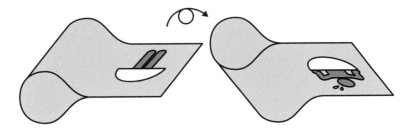

 僕たちにとって紙を曲げることは当たり前でも、二次元世界の住人にとっては理解しがたい現象なんだろうなぁ……。

 この仕組みは「どこでもドア」の構造にも応用できる。ドアを開けると移動先の景色が見えるのは、空間が歪んで別の場所同士がピッタリと重なっているからである。

「四次元ポケット」の
仕組みも同じ理屈

 これまでの話をふまえると、私たちの生活している三次元空間から見た「四次元ポケット」は同じ理屈で考えることができる。四次元空間とはxyz軸すべてに対して直交するようなw軸が新たに加わった世界だ。

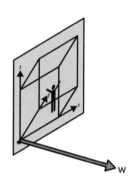

直感的に想像することは困難だけれど、私たちの住む三次元空間を仮に平面と見立てた場合、この平面に直交するような直線がw軸になる。
すると四次元空間とは、<u>三次元空間が何層にも積み重なることで広がる空間</u>であると考えることができる。

 なるほど、図では1つ1つは平面に見えるけれど、実際は立体的な三次元空間を表しているんですね。

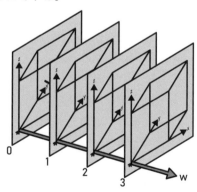

私たちは、この図におけるw＝0の空間に住んでいるとしよう。
すると少しでもw軸方向にずれた物体は知覚することができない。

 僕たちが見ることができるのは、w＝0の三次元空間だけということですね。

 「四次元ポケット」の仕組みも、二次元空間と三次元ポケットの関係と同じだ。
普通のポケットなら、その容積を上回る数の道具を収納するとはできない。しかし「四次元ポケット」は四次元空間につながるゲートのような役割を担っているので、いくらでも道具をw軸方向に重ねて収納することができるのだ。

「スペアポケット」や「どこでもドア」で別の場所に瞬間移動できる考え方も同じで、私たちにとっては想像しがたいが、三次元空間をあたかも1枚の紙のように歪ませることで異なる場所がつながり移動できるようになる。

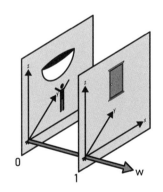

私たちの住む世界をw＝0の三次元空間とすると、どれだけ体を動かしてもw＝1や2の三次元空間へひょっこり行ってしまうことはない。どれだけ目を凝らしても、私たちの目に映るのはw＝0の風景だけだからだ。

なるほど……。

僕たちから見れば、二次元空間は縦横の2方向にしか移動できないとても窮屈な世界のように感じるけれど、もし四次元空間に知的生命体がいたら、僕たちも平面のように薄い空間をうごめいていて、狭い空間で不自由な生活を強いられているように見えるのかもしれませんね。

いや、そもそも四次元空間における物体の大きさはxyzwの4つのパラメーターで測られるため、w軸方向に大きさを持たない私たちは無に等しい存在。（※2）

私たちは彼らを知覚することはできないし、彼らもまた、私たちを知覚することはできないのである。

※2　四次元空間における物体の大きさは縦横高さにもう1つ加わったxyzwの積で表されます。三次元の物体はw軸方向に大きさを持たないのでw＝0。すなわちその積はx×y×z×0＝0なので、大きさが0になり知覚することはできないと考えられるのです。

おわりに

数学って本当に様々なところで使われていたんですね！

そうだな

お会計1,200円になりま〜す

日常生活を送るだけなら
必ず勉強しなければならない
わけではないかもしれない

しかし、
素朴な疑問や
これからの人生で
問題に直面したとき

困
難

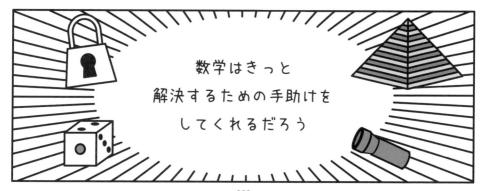

数学はきっと
解決するための手助けを
してくれるだろう

STAFF

装　丁　PANKEY inc.

校　正　エディット　東京出版サービスセンター

編　集　森 摩耶（ワニブックス）

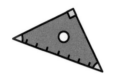

それ、数学で証明できます。
日常に潜む面白すぎる数学にまつわる20の謎

著　者　北川郁馬

2023年3月19日　初版発行
2024年4月10日　5版発行

発行者　横内正昭

編集人　青柳有紀

発行所　株式会社ワニブックス
　　　　〒150-8482
　　　　東京都渋谷区恵比寿4-4-9　えびす大黒ビル
　　　　電話　03-5449-2711（代表）
　　　　ワニブックスHP　http://www.wani.co.jp/
　　　　WANI BOOKOUT　http://www.wanibookout.com/

　　　　お問い合わせはメールで受け付けております。
　　　　HPより「お問い合わせ」へお進みください。
　　　　※内容によりましてはお答えできない場合がございます。

印刷所　株式会社光邦

DTP　三協美術

製本所　ナショナル製本